SimulationX 精解与实例：
多学科领域系统动力学建模与仿真

刘艳芳　编著
徐向阳　黎文勇　审

机械工业出版社

本书以 SimulationX 软件作为研究平台，全面讲述了多学科领域系统动力学建模与仿真技术的基本原理、建模方法和计算分析。本书主要讲述了 SimulationX 的安装和使用、系统建模的基本原理和方法、仿真计算类型和数据后处理方法，并结合实例，由浅入深，通过一步一步图文并茂的阐述，使读者最后能利用 SimulationX 来完成各种工程系统的多学科复杂建模和分析。第 8 章列举了 SimulationX 在典型工程领域的应用案例，既有详细的建模流程，又有对仿真结果的分析说明，涉及了机械、液压、电、磁和热等物理领域，具有较高的专业理论水平和工程应用价值。

本书面向高等院校工程专业的本科生和研究生，以及 SimulationX 的初学者。对于从事多学科领域系统动力学建模的广大科技工作者和工程技术人员来说，本书亦可作为入门性教材。

图书在版编目（CIP）数据

Simulation X 精解与实例：多学科领域系统动力学建模与仿真/刘艳芳编著. —北京：机械工业出版社，2010.9

ISBN 978-7-111-31371-7

Ⅰ. ①S… Ⅱ. ①刘… Ⅲ. ①系统动力学—系统建模—应用软件，Simulation X②系统动力学—系统仿真—应用软件，Simulation X Ⅳ. ①N941.3-39

中国版本图书馆 CIP 数据核字(2010)第 142685 号

机械工业出版社（北京市百万庄大街 22 号 邮政编码 100037）
策划编辑：赵海青 责任编辑：何士娟 责任校对：姜 婷
封面设计：路恩中 责任印制：李 妍
唐山丰电印务有限公司印刷
2010 年 11 月第 1 版第 1 次印刷
184mm×260mm · 15.25 印张 · 374 千字
0001—3000 册
标准书号：ISBN 978-7-111-31371-7
定价：39.80 元

序(一)

2008 的金融危机再一次证明技术创新是企业应对金融危机最有效的手段。技术创新对于我国制造业意味着企业研发信息化，目前以 CAD 为主导的产品研发信息化重几何结构、轻性能设计，强信息集成、弱模型集成，缺乏系统综合创新设计能力，造成制造企业在产品研发方面核心能力的缺失。尤其在复杂产品研发过程中，以产品数据管理为核心的 PDM/PLM 系统强调产品设计数据管理，而对 CAE 协同分析仿真过程的支撑相对较弱，不能有效支撑复杂产品系统设计仿真过程中数据、模型、知识、资源及过程的统一管理。

复杂高性能机电系统对产品设计在理论、方法和技术手段三个层面提出了新的挑战。对象的本构多域性及复杂性用现有的单领域工具无法解决，这就需要一种以知识可重用、系统可重构为模式的复杂产品建模、分析、仿真、优化一体化的设计技术，即机、电、液、控、热一体化设计的多学科设计技术。欧美于 1996 年开始有针对性地开展了多领域物理建模与分析，提出了具有普适性、可拓展的多领域物理建模语言 Modelica，并成立了开放的国际 Modelica 合作组织(www.modelica.org)，旨在为新一代复杂机电系统设计方法与技术提供模型知识的表达、计算的规范。Modelica 被认为是 IT 技术与工业领域具有里程碑意义的基础创新，近年来该技术在一批重要行业典型产品的开发中得到成功应用，得到国际研究机构及工业界的认同，发展迅猛。2006 年 6 月法国达索系统宣布以 Modelica 为技术标准实施"knowledge inside"，国外许多重要企业及研究机构已宣布以 Modelica 为模型表达标准，如欧共体组织 ITEA2 项目。目前 Modelica 已成熟地应用在于航空航天、汽车和工程机械等领域。该类仿真软件的代表为德国 ITI 公司的 SimulationX。

德国 ITI 有限公司开发的 SimulationX 一直领跑在工程化系统工程建模和仿真技术的最前沿。作为优秀的 Modelica 商用系统标准平台，ITI 公司每年都能和世界著名厂商及研究机构成功地完成数十个大型工业项目。这些项目的完成为公司赢得了良好的声誉，积累了丰富的专业知识和行业应用经验，也使软件产品获得了世界最优秀传动仿真软件的称号。SimulationX 在 2007 年进入中国市场后迅速得到了中国高校和企业的认可和广泛好评。为了回馈中国用户，ITI 有限公司联合 ITI-SimulationX 北航技术培训中心开始编著 SimulationX 的中文使用丛书。

本书作为 SimulationX 工程系统的多学科复杂建模和分析的第一册，从 SimulationX 的基础开始，通过一步一步的图文并茂的阐述，使用户最后能利用 SimulationX 来完成各种工程系统的多学科复杂建模和分析，解决具体工程问题。本书既有理论说明，又有案例分析；它既是 SimulationX 的初级用户的良师，又是 SimulationX 的高级用户的益友，同时也可作为广大科技工作者和工程技术人员的重要参考书。今后我们还将陆续推出更多关于基于 Modelica 的二次开发及各个工程领域建模高级应用的系列丛书，以帮助中国用户同步掌握世界先进的基于 Modelica 的多学科复杂建模和分析的仿真技术，支持读者进行原创设计，为"中国创造"助力。在此感谢 ITI 有限公司工程技术人员和徐向阳教授领导的 ITI-SimulationX 北航培训中心的辛勤工作。

黎文勇

德国 ITI 有限公司大中华区总裁

序(二)

On the occasion of ITI's 20th anniversary it is my great honor and pleasure to welcome you to the first SimulationX technical book edition in Chinese language. After 20 years navigating in virtual worlds, we finally appear in print. This book will introduce you in your native language to the world of holistic system modeling and simulation -a software application area that has become increasingly popular amongst engineering professionals world-wide.

ITI was found in 1990; its headquarters is situated in Dresden/Germany. In the past two decades we have become one of the world's leading companies in the field of dynamic modeling, simulation and analysis of technical systems. Our product SimulationX is a software platform that is used in more than 15 industrial branches and has long proven its excellent performance in over 300 different applications. The number of customers using SimulationX around to globe to develop innovative technical goods such as plants, machines and devices with high power density in an energy-efficient, optimal and quick way exceeds 600. In addition to developing high-performance multi-domain software we provide specialized engineering know-how at highest level.

For more than five years ITI has been investing in China. The importance of our Chinese customers has been steadily growing ever since. Thanks to the dedication and commitment of SimulationX users and partners across all regions in China this market has become one of the most important ones for our company. Thus, it is with great pleasure that we provide our Chinese SimulationX users with best possible local support. Together with the SimulationX Training Center in Beijing (Beihang University) it has been possible to live up to the high expectations of both, the users and ourselves.

This being the case, I want to unreservedly thank Prof. Xiangyang Xu, Director of the SimulationX Training Center in Beijing, and Dr. Wenyong Li, ITI's China manager, for their continuous support. Thanks to their effort and the one of their teams this publication was finally brought into being. In 1995, we had the vision of creating a Chinese-German cooperation to build up a SimulationX competence center for the local support, training and technical consulting. Today, this vision is completed and, moreover, we have established a true friendship. This fruitful partnership has become a significant, sustainable bridge between ITI's engineering and development team and the Chinese SimulationX community.

The book is dedicated to anyone using modern calculation software to speed-up the development of mechatronics systems. It comprises the basics of system simulation and SimulationX from the technology and user interfaces over methods and computation through to analysis. Also, a various practically-oriented engineering applications are presented. Yet, this can only be small samples from a wide range of plant modeling and simulation possibilities. Please do not hesitate to contact us whenever you have any questions or need assistance in one of your projects.

Again, thank you very much indeed for your interest in this book. Enjoy reading and working with SimulationX!

Jens O. Schindler

ITI Executive Director

前　言

工程中的复杂系统，往往涉及多门交叉学科，包括机、电、液压、电磁和热等，例如，航空航天的机电液气系统、机器人及控制系统、发动机和车辆各系统、电液驱动机构等。由于机、电、液、气控制系统的非线性以及研制过程的巨大耗时和耗资，运用多学科领域系统仿真和优化手段，已经成为目前系统虚拟优化设计的主流技术。

SimulationX 是德国 ITI 公司自 1993 年开始推出的一种新型的工程高级建模和多学科仿真软件，2009 年 12 月 ITI 又推出了最新版本 SimulationX3.3。目前，SimulationX 已经成为用于传动技术、汽车工业、工程机械、能源技术、流体技术、精密仪器、航空航天、船舶工业、机械制造、石油和天然气工业的多学科领域，包括机、电、液、气、热、电磁和控制等复杂系统建模与仿真的优选平台。该软件具有以下特点：

（1）SimulationX 在统一的平台上实现了多学科领域系统工程的建模和仿真，如机械、液压、气动、热、电和磁等物理领域。SimulationX 包含的标准元件库有 1D 力学、3D 多体系统、动力传动系统、液力学（包括管道模型和液压元件设计库）、气动力学（包括管道模型和气动元件设计库）、热力学、热液电子学、电驱动、磁学和控制等。

（2）SimulationX 定位使用人群为工程技术人员，建模语言是工程技术的通用语言。

（3）SimulationX 的基本元素组合建模理念，使得用户从烦琐的数学建模中解放出来，从而能专注于物理系统本身的设计，而不需要编写任何程序代码。

（4）SimulationX 提供了一个标准化、规范化和图形化的二次开发平台 TypeDesigner，使得用户不仅可以直接对 SimulationX 所有模型进行修改，还可以基于 Modelica 语言创建新的模型，并能够把用户自己的 C 代码模型以图形化模块的方式集成进 SimulationX 软件包，从而满足工程中大量非标元件的需求，实现企业自己知识库的积累管理。

（5）SimulationX 支持三个层次的建模方式：基本元素和元件级、方块图级，以及数学方程式级。模块名称参数和变量清晰。不同的用户可以根据自己的特点和专长选择适合自己的建模方式或综合使用多种方式。

（6）SimulationX 具有多种仿真运算功能：时间域上的瞬态仿真、频域上的稳态仿真、平衡计算、固有频率和模态分析、可靠性分析、变量分析等。

（7）SimulationX 提供了丰富的与其他软件的接口。

❑ 多维软件接口：MSC. Adams，Simpack，FLUENT 及各种 CAx 软件。

❑ 控制软件接口：Matlab/Simulink。

❑ 实时仿真软件接口：dSPACE，xPC-Target，ProSysRT。

❑ 优化软件接口：iSIGHT-FD，modelFRONTIER，OptiY。

❑ 数据处理接口：Excel。

（8）SimulationX 提供了不同的版本（评估版、分析版、浏览版和学生版），以满足不同类型用户的需要。

2006 年，德国 ITI 公司和北京航空航天大学合作成立 SimulationX 培训中心（SXTC），标志着 SimulationX 正式进入中国市场。由于 SimulationX 在工程系统建模和仿真方面的特点和优势，国内越来越多的来自大学、科研院所和工业部门的科学工作者加入到学习和应用 SimulationX 的队伍中来。笔者有幸最早接触并使用 SimulationX，在使用过程中意识到，作为一种高级建模和仿真平台，SimulationX 必将在国内建模和仿真领域发挥越来越大的作用，为国内工业产品的自主创新助一臂之力。

本书由刘艳芳编著，由徐向阳和黎文勇审读。在本书编写过程中，德国 ITI 公司及相关工程技术人员给予了大力支持，提供了许多宝贵的国外参考资料。王书翰博士对本书的结构和内容，特别是第 8 章的案例选择及其计算分析，提出了许多宝贵的建议，为本书增色不少。此外，在编写过程中还得到了课题组的研究生戴振坤、董鹏和郝振东等的热情帮助，在此对他们表示衷心的感谢。

限于编者水平有限，对于书中的错误和缺点，望广大读者批评指正。

编 者

目　录

第1章

多学科领域系统动力学建模与仿真技术概述

工程中的复杂系统，往往涉及多门交叉学科，包括机、电、液压、电磁和热等，例如，航空航天的机电液气系统、机器人及控制系统、发动机和车辆各系统、电液驱动机构等。只有根据动态性能指标要求来设计系统，从系统的角度优化设计系统零部件，才能设计出性能优良的系统，满足日益激烈的市场竞争和愈加苛刻的技术要求，增强自主创新能力。

由于机、电、液、气控制系统的非线性以及研制过程耗时和耗资巨大，运用仿真和优化设计手段成为首选。对技术与功能相互关系的仿真是一种有理论依据地预测开发项目过程与结果的有效方法。由于时间和成本原因，已经不再会使用早期的"试用—纠错"模式，而是通过高品质的模拟预测结果来作出决定。使用传统的开发方法将很快遇到效能和可行性的瓶颈，而多域性系统的理念、物理子系统之间的不断增加的复杂性和多样性的相互作用，使得对整体工程系统的全面综合分析变得非常必要。多学科领域系统动力学建模与仿真技术就是在这种需求背景下发展起来的一门新型计算机辅助分析和优化设计技术。运用该技术，可以帮助工程设计人员在产品设计过程中分析和预估风险，降低开发成本和缩短开发周期，分析和优化现有系统，从而最终协助开发设计出拥有自主产权的工业产品。

目前，商业上比较成熟的多学科系统动力学建模与仿真软件主要有美国的 MATLAB/Simulink、法国的 AMESim 和德国的 SimulationX 等。下面逐一简单介绍。

▶▶ 1.1 MATLAB/Simulink

MATLAB 产品族是美国 MathWorks 公司开发的用于概念设计、算法开发、建模仿真、实时实现的理想的集成环境。由于其完整的专业体系和先进的设计开发思路，使得 MATLAB 在多种领域都有广阔的应用空间，特别是在 MATLAB 的主要应用方向——科学计算、建模仿真以及信息工程系统的设计开发上已经成为行业内的首选设计工具，全球现有超过50 万的企业用户和上千万的个人用户，广泛地分布在航空航天、金融财务、机械化工、电信、教育等各个行业。

MATLAB 的含义是矩阵实验室（Matrix Laboratory）。它集数值分析、矩阵运算、信号处理和图形显示于一体，构成了一个方便的、界面友好的用户环境。在这个环境下，对所要求解的问题，用户只需要简单地列出数学表达式，其结果便以数值或图形方式显示出来。MATLAB 的推出得到了各个领域专家学者的广泛关注，其强大的扩展功能更为各个工程领域提供了分析和设计的基础。

MATLAB 产品族由以下产品构成：MATLAB、MATLAB Toolbox、MATLAB Compiler、Simulink、Stateflow、Real-time workshop 和 Simulink Blockset。

Simulink 是基于 MATLAB 的框图设计环境，可以用来对各种动态系统进行建模、分析和仿真。它的建模范围广泛，可以针对任何能用数学来描述的系统进行建模，例如航空航天动力学系统、卫星控制制导系统、通信系统、船舶及汽车等，其中包括了连续、离散、条件执行、事件驱动、单速率、多速率和混杂系统等。除此之外，Simulink 还支持 Stateflow，用来仿真事件驱动过程。该软件系统是基于图形建模方式，不需要用户自行编写代码，既可用于动力学模拟，也可以用于控制系统的设计。该软件各种功能模块化，可以直接用鼠标拖曳模块，建立模块之间的信号链接，进行建模。由于是模块建模，控制系统和控制对象可以分别进行建模，每个模块的参数可以单独修改，不会影响到其他模块。而且软件系统中控制对象已经模块化和标准化，可以采用不同的控制模块对比分析不同控制方法的优劣，从而进行最佳控制算法的选择和设计。另外，该软件系统是开放的，各种成熟的工具箱可以进行扩展并加入到软件系统中。

该软件的局限性在于，使用人员必须对描述所研究对象系统的特性的数学方程非常熟悉，才能正确建模并得到合适的结果；另外，在多学科联合仿真方面的优势不明显。因此，目前该软件主要应用于控制系统的设计、分析和优化。

▶▶ 1.2 AMESim

AMESim 是由法国 IMAGINE 公司开发的面向工程应用的多学科领域复杂系统建模与仿真软件。基于 AMESim 提供的系统工程设计平台，用户可以建立复杂的多学科领域系统的模型，并在此基础上进行仿真计算和深入的分析，从而研究任何元件或系统的稳态和动态性能。在燃油喷射、制动系统、动力传动、机电系统和冷却系统中均得到了广泛的应用。

基于物理模型的图形化建模方式，AMESim 使得用户从繁琐的数学建模中解放出来从而专注于物理系统本身的设计，而不需要编写任何程序代码。目前，AMESim 的应用库有：机械库、信号控制库、液压库（包括管道模型）、液阻库、液压元件设计库（HCD）、气动库（包括管道模型）、气动元件设计库、电机及驱动库、电磁库、动力传动库、注油库（如润滑系统）、冷却系统库、热库、热液压库（包括管道模型）、热气动库、热液压元件设计库（TH-CD）、二相库和空气调节系统库。AMESim 提供了一个标准化、规范化和图形化的二次开发平台 AMESet，使得工程人员不仅可以直接调用 AMESim 所有模型的源代码模板，还可以把自己的 C 代码或 FORTRAN 代码模型，以图形化模块的方式综合进 AMESim 软件包，从而满足工程中大量非标准元件的需求。AMESet 可以将 AMESim 模型生成标准化的 C 代码或 FOR-TRAN 代码，以及相应的、标准的说明文档。除此之外，AMESim 还具有丰富的与其他软件包的接口，例如 Simulink®、Adams®、Simpack®、Flux2D®、RTLab®、dSPACE® 和 iSIGHT® 等。

AMESim 由于无法描述非因果关系，因此无法很好地应用于电磁学领域。而且，AMESim 中没有多体动力学库，因此也无法进行多体动力学仿真。

▶▶ 1.3 SimulationX

SimulationX 是由德国 ITI 公司开发的一款分析评价技术系统内各部件相互作用的权威软件，是多学科领域建模、仿真和分析的通用 CAE 工具。面向用户的模块和版本、多功能性和众多软件接口，使 SimulationX 可以满足用户不同应用领域的各种需求。它在其核心应用领域——所有工业行业中的传动及控制技术，如流体传动、机电传动和电磁驱动等，有超过 20 年的建模与仿真经验。这些技术有效地应用到传动技术、汽车工业、工程机械、能源技术、流体技术、精密仪器、航空航天、船舶工业、机械制造、石油和天然气工业中。

同样的，基于物理模型的图形化、基元化建模方式，SimulationX 使得用户从繁琐的数学建模中解放出来从而专注于物理系统本身的设计，而不需要编写任何程序代码。SimulationX 包含的标准元件库有 1D 力学、3D 多体系统、动力传动系统、液力学（包括管道模型和液压元件设计库）、气动力学（包括管道模型和气动元件设计库）、热力学、热液电子学、电驱动、磁学和控制等。SimulationX 提供了一个标准化、规范化和图形化的二次开发平台 TypeDesigner，使得工程人员不仅可以直接对 SimulationX 所有模型进行修改，还可以基于 Modelica® 语言创建新的模型，并能够把用户自己的 C 代码模型以图形化模块的方式集成进 SimulationX 软件包，从而满足工程中大量非标元件的需求，实现企业自己知识库的积累管理。

SimulationX 是一个开放的仿真平台，提供了大量与其他软件的接口。

1. CAX 接口

该接口使得 SimulationX 的模型与 CAD、CAM、CAE、CAO、FEA、FEM、CFD、MBS 及其他软件顺利兼容。

2. Co 模拟接口

SimulationX 提供的 Co 模拟库包含了能与几乎所有别的仿真工具兼容的万用块。它们通过 TCP/IP 协议来进行链接。预置的可立即使用的 Co 模拟解决方案可以适用于 MATLAB/ Simulink、MSC. Adams、Simpack、FLUENT、Cadmould 及其他软件。

3. COM 接口

COM 接口允许 SimulationX 与其他 Windows 应用程序之间进行通信。所有交互执行的操作也可以通过脚本来控制。这一特性对于自定义批处理程序、嵌入式仿真、参数分析或者优化非常有帮助。

4. 数据和模型导入接口

数字数据（1D/2D/3D）和 CAD 文件（3D）都可以被导入到 SimulationX 中。

5. 模型输出接口

该功能包括线性系统模型输出（状态空间模型、ABCDE 矩阵）和 C 代码方式输出的完整 SimulationX 模型，可以生成单机运行代码、Simulink S-function、HiL、RCP 或者 SiL 应用中的目标代码。

6. 优化设计、试验设计（DOE）和六西格玛设计（DFSS）接口

能与 SimulationX 互动的优化设计接口有：iSIGHT-FD、modelFRONTIER 和 OptiY。

Modelica 语言定义和标准库是开放的。由 Modelica 协会进行发展和推广的免费的面向对象的建模语言，使得 SimulationX 比其他竞争对手优势更加突出。

第 2 章

多学科领域系统动力学仿真软件 SimulationX 概述

本章从总体上介绍多学科领域系统动力学仿真软件 SimulationX 的开发理念、功能模块、建模方式、仿真分析功能和版本类型等基本内容。

▶▶ 2.1 开发理念

SimulationX 支持全部设计流程，无论是横向的还是纵向的。通过将不同类型子模型的建模与仿真集成在一个环境下，SimulationX 可以进行非常广泛的、复杂零部件和工业设备的系统仿真。通用的数据接口、COM 编程和联合仿真模块实现了计算数据的进一步优化使用，并实现了与 CAD 和 CAE 工具的连接。采用参数、模型、变量和优化接口的数据元，实现了从系统研究到采用真实零部件数据进行设计的成功一步。

SimulationX 统一了不同层次的建模理念。一方面，使用软件提供的学科库中经过验证的标准元件，可以快速有效地创建模型；另一方面，有经验的用户可以使用开放的二次开发平台 TypeDesigner 自由创建自定义元件。面向对象的建模语言 Modelica® 提高了二次开发的效率和安全。Modelica® 语言为建模人员提供了较高的自由度来描述系统和过程。

模型描述的复杂性决定了仿真过程中计算任务的标准。SimulationX 实现了大量的符号解析和数值方法，这使软件表现出较强的计算性能。首先，对模型经过几轮编译，对微分代数方程组进行整体符号分析、指标缩减和简化。然后，将获得的紧凑方程组移交给强大的求解器。默认的求解方法是 BDF 方法，该方法的计算性能较高，即使是对于刚性较大的系统而言。实际上，需要接受工业应用检验的模型总是包含非线性和中断。SimulationX 通过调整精度来处理非连续性。

SimulationX 还包含 CVODE 求解方法。使用该显式求解器可以节省计算时间，特别是对于具有常微分方程的模型。另外还有一个好处就是，在运行之前，模型和求解器是独立编译的。这大大提高了计算性能，而且与模型无关。

▶▶ 2.2 软件模块

按照学科库的不同，SimulationX3.1 包含的功能模块如表 2.1 所示。

表 2.1 SimulationX3.1 中的功能模块

软件模块	内容
基本模块和计算	建模和仿真平台 TypeDesigner，用于高级开发(基于 Modelica 编译器)，可自定义超模块，使库模型个性化，包括用户模型的加密、封装等

（续）

软 件 模 块	内　　容
基本模块和计算	COM 接口 打印驱动 时域瞬态仿真 频域稳态仿真
机械库	一维转动分析 一维平动分析 与 ANSYS 接口基于模态分析 多体动力库，包括三维物体的导入和 3D 动画子库、杆梁 弹性体、接触模块
信号（控制）库	普通信号库 信号源库 线性信号库 非线性信号库 时间离散信号库 特殊信号库 开关库
动力传动库	发动机库 联轴器和离合器库 变速器库 行星轮库 内燃发动机库 换挡执行机构库 考虑摩擦和齿啮合接触的同步器库
机电库，电学库，磁库	电机库 电学库 磁库 步进电动机库
流体库，热力学库	流体库 I（基本元素） 流体库 II（典型液压元件、液压回路、控制阀，液压管路等） 流体库 III（复杂液压元件、液压回路、控制阀，液压管路等） 新流体定义 气体库 I（各种气体） 气体库 II（气体和混合气） 新气体定义 混合气体定义 热力学库（用于润滑系统、冷却系统、液压网络中的热交换分析） 热力流体 I（单相：流体 + 气体） 热力流体 IIa（两相：制冷剂 + 冷却 + NIST） 热力流体 IIb（两相：混合，水 + 湿气） 热力流体 III（理想流体混合物）
海洋工程库	海洋液压及管道库，要求 1D 力学库、液压库 III 和信号库

（续）

软 件 模 块	内　　容
分析功能	平衡计算：静态分析和稳态分析 变量分析 线性系统分析（固有频率和模态、传递函数，输入-输出分析） 阶次分析
接口	数据库连接器 Modelica® 标准库 2.2.2 Simulink/RTW 代码输出到 SimulationX3.1 与优化工具 iSIGHT-FD 的接口 与优化工具 modeFRONTIER 的接口 与优化工具 OptiY 的接口 Autodesk Inventor® CAD 输入接口，要求 3D 机械库 ProE® CAD 输入接口，要求 3D 机械库 FEMA 接口，要求基本模块
代码输出	C 代码（带求解器或者不带求解器）输出 通过 S 函数和 Matlab 接口 和 SIMPACK® 接口 和 OPC-Client® 接口 C 源代码输出到 ProSys-RT 3.x C 源代码输出到 dSPACE1006
联合仿真	联合仿真接口 　和 MSC. Adams® 联合仿真接口 　和 SIMPACK® 联合仿真接口 　和 MATLAB® /Simulink® 联合仿真接口

▶▶▶ 2.3　建模方式

SimulationX 支持三个层次的建模方式：面向信号的建模、面向物理对象的建模及基于方程和算法的建模，如图 2.1 所示。不同的用户可以根据自己的特点和专长选择适合自己的建模方式或综合使用多种方式。

面向物理对象的建模方式是工程系统建模最为常用的方式。它主要是基于基本元素组合建模理念，即把物理系统分解为工程系统的各种最小要素，使用户可以方便地用各种简单的基本要素来建立模型，以尽可能详细和精确地描述零部件及由它们构成的复杂工程系统。

SimulationX 软件的目标使用人群是工程技术人员，所以其建模的语言是工程技术通用语言。物理模型图形化、基元化的建模方式，使得工程技术人员可以从繁琐的数学建模中解放出来，从而专注于物理系统本身的设计。

SimulationX 软件提供一个标准化、规范化和图形化的二次开发平台 Type Designer，使得工程技术人员可以基于 Modelica 轻松地创建新的仿真模型和自己的元件库。

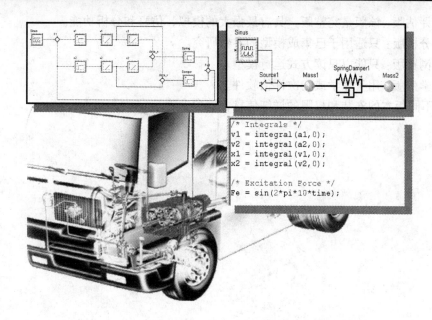

图 2.1　SimulationX 中的三种建模方式

▶▶2.4　分析功能

SimulationX 模型的表示方法包含序列算法、(代数)方程、(常)微分方程、解析或者经验(特征曲线)函数和逻辑条件，可以用来描述状态转变，也可以用于刻画线性系统和简单的过程控制。当工程技术人员研究非线性系统的动态特性、中断、交互控制以及外部测量数据和特征图的集成时，软件的优势就会变得非常明显。

尽管 SimulationX 提供了丰富的建模工具，但是创建模型仍然是一项高要求工作。更重要的是，创建好的系统模型也可以用于各种不同的分析和计算。SimulaitonX 可以执行下面的计算任务：

（1）瞬态仿真(时间域上的计算)：研究整个时间过程中系统的动态特性。

（2）平衡计算：研究系统的平衡点。在工程应用中，经常需要计算系统的平衡点，以此作为其他类型仿真的起始点。这里，平衡点称为静止状态或者固定状态。

（3）线性系统分析：进行线性系统的结构分析，计算出特征频率、特征向量、频率响应和传递函数。

（4）稳态仿真(频域上的计算)。

（5）变量分析：在相同模型的前提下，可以通过一定的方式合并各种分析类型。除此之外，还可以有效地进行参数研究。

此外，还可以进行阶次分析、可靠性分析和输入-输出分析等。

▶▶2.5　版本类型

针对不同的需求，ITI 公司可以提供以下版本的 SimulationX：

（1）评估版：该版是完整版，具有最强大的模拟、仿真和分析功能。

（2）分析版：只适用于已集成模型的参数研究。

（3）浏览版：只能以只读方式运行模型。

（4）学生版：用于教学或初次评估软件。

关于不同版本的安装和权限的详细信息，请参考附录。

第3章

如何使用 SimulationX

该章的主要目的是教会用户如何使用 SimualtionX。下面以一个简单的实例"双质量振荡器"为基础，讲述如何逐步搭建模型。执行时可以有多种操作方式，这里只介绍一种比较普通的操作方式。

▶▶3.1　运行 SimulationX 模型实例

安装完 ITI SimulationX 软件的同时，也获得了一系列的模型实例。可以打开这些预置的模型，修改其参数，并进行仿真计算。可以在下面路径下找到这些实例：

C：\programs\ITI-Software\SimulationX 3.1\Samples。

⚠ **提示**：启动 SimulationX 时，也可以通过欢迎页面直接访问这些例子，如图 3.1 所示。

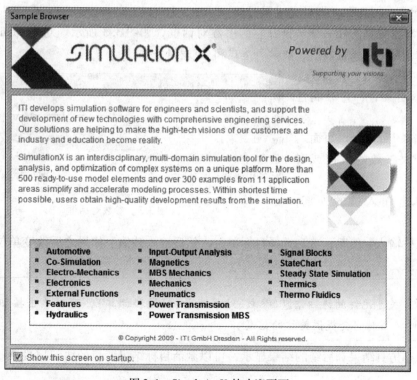

图 3.1　SimulationX 的欢迎页面

⚠ **提示**：如果模型中的部分元件不包含在许可学科库中，可以在浏览版中查看模型。

3.1.1 打开模型文件

单击如图 3.2 所示的工具栏中的按钮 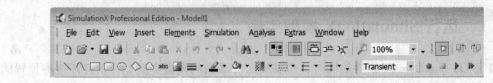 或者菜单选项 File/Open...，可以打开一个实例的文件。打开步骤如下：

（1）单击菜单选项 File/Open...。

（2）在 Opening 对话框中，选择目标路径(…\TI SimulationX3.1\Samples)和可以打开的模型，单击按钮 Opening。

打开后，除了若干带计算曲线的结果窗口之外，屏幕上还显示模型的结构和相关说明，此外，模型中还包含数据表、基本数据和解释插图等。

图 3.2　SimulationX 软件中的工具栏和菜单选项

3.1.2 修改参数

如果模型已经完成仿真，需要首先重置仿真。单击工具栏中的按钮 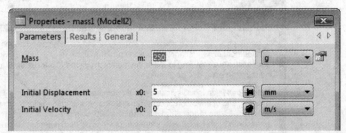 或者选择菜单选项 Simulation/Reset to Start 即可完成重置。

现在，双击元件的任一符号打开它的参数对话框，如图 3.3 所示。对于 SimulationX 中的每个参数，可以输入常数值、数学表达式和/或逻辑条件。

元件的参数修改步骤如下：

（1）双击元件，打开属性对话框。

（2）选择 Parameters 页面。

（3）修改参数的数值或者单位。

（4）单击输入框的外部，接受数值。

图 3.3　参数对话框

在参数栏输入数值时，首先选择目标单位，然后输入数值。如果之后改变单位，参数值将会自动变换。

> ⚠️ **提示**：关于元件的详细信息(参数、结果变量、假设和计算)，可以单击按钮 Help 打开联机帮助，届时它会提供关注的信息。

为了保存仿真结果和后续的结果显示，可以激活目标结果变量的协议属性 ■，如图 3.4 所示。

协议属性激活步骤如下：

（1）双击元件，打开参数对话框。

（2）选择 Results 页面。

（3）单击协议属性图标，
打开■/关闭■。

3.1.3 运行仿真

单击按钮 ▶ 或者菜单 Simu-
lation/Start，运行仿真计算。到
指定的终止时间，仿真停止。在
界面的右下方可以观察到当前仿
真时间，例如：

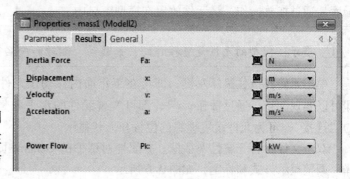

图 3.4 结果变量对话框

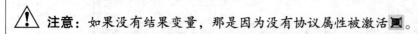

如果要改变终止时间的预设值，选择菜单 Simulation/Options...，打开仿真控制面板，
即可编辑仿真参数（例如："tStop"）。

在运行仿真之前，如果已经激活了结果变量的协议属性（■），那么就可以绘出这些结
果随时间变化的图形 y = f(t)。

打开结果窗口的步骤如下：

（1）在元件上，单击鼠标右键。

（2）在结果变量列表中选择目标变量，即可打开其结果窗口。

⚠ **注意**：如果没有结果变量，那是因为没有协议属性被激活■。

通过拖放操作，可以将多个结果曲线放在一个窗口中。单击结果窗口工具栏中的按钮
■，即可绘出函数 y(x) 的曲线。

▶▶ 3.2 创建模型

创建模型时，首先应该新建一个文件（通过工具栏中的按钮■，或者菜单选项 File/
New），然后进行下面操作。

3.2.1 选择元件

现在开始创建第一个简单模型：双质量振荡器。

在屏幕的左侧可看到学科库和模型，如图 3.5 所示。单击鼠标左键，可以打开学科库的

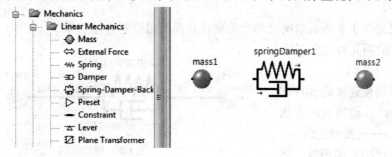

图 3.5 学科库和模型

子库。通过拖放操作，将元件放置在模型窗口中。

> ⚠️ **提示**：模型的元件是可操作的，如移动、翻转和命名等。

单击元件，按住鼠标左键，即可在工作面内移动该元件。通过工具栏里的按钮 ▣ ▣，即可以实现翻转。通过按钮 ▣▣ ▣▣，即可实现元件的水平和竖直视图显示。因此，为了下面的"连接"，可为元件设置理想的位置和形状显示。

双击文件，打开属性对话框。在属性对话框的 General 页面中，可以分别设置元件的注释、调整显示方式和标题，如图 3.6 所示。

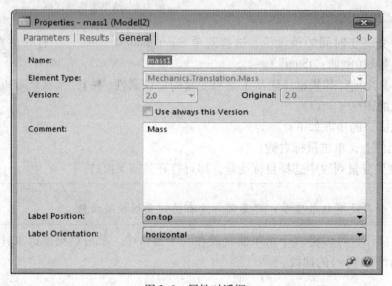

图 3.6　属性对话框

【例】　在学科库"Linear mechanics"中选择两个质量块（mass1 与 mass2）和一个弹簧阻尼元件（springDamper1），把这些元件放在模型窗口中，如图 3.7 所示。

图 3.7　模型窗口

3.2.2　连接元件

为了创建仿真模型，下一步就是连接这些元件。

【例】　根据图 3.8 所示结构把两个质量块和弹簧阻尼器连接起来。

下面简单说明元件之间的连接步骤：

（1）选择期望连接的元件端口，将鼠标指针移动到它的上面（红色端口信号——发现连线）。

（2）按住鼠标左键不放，将

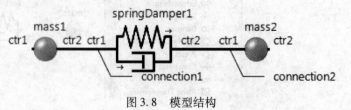

图 3.8　模型结构

连线拖到其他元件上。

（3）一旦到达可连接的元件（可见一个黑色的点）的连接端口处，释放鼠标，连线闭合。

> ⚠️ **注意**：元件只能在相同物理域内进行连接（例如，机械弹簧不能和液压节流孔元件连接）。在这种情况下，与其他元件之间不会有任何连线。

3.2.3 输入参数

为了能够运行模型，必须为元件输入参数。

【例】 为元件输入的参数见表 3.1。

表 3.1 为元件输入的参数

元 件 名 称	参 数 名 称	符 号	数 值	单 位
mass1	Mass	m	250	g
	Initial displacement	x0	5	mm
mass2	Mass	m	2	kg
springDamper1	Kind		Spring-Damper	
	Stiffness of Contact	k	0.25	N/mm
	Damping of Contact	b	2	Ns/m

使用元件的属性对话框（双击元件）和模型浏览器，可以为元件设置参数。如图 3.9 所示，在模型浏览器中单击元件或者连接，右上区中就会显示选择的元件或连接的参数，可对其任意修改；在右下区则显示它的所有结果变量，可以随意打开或关闭。

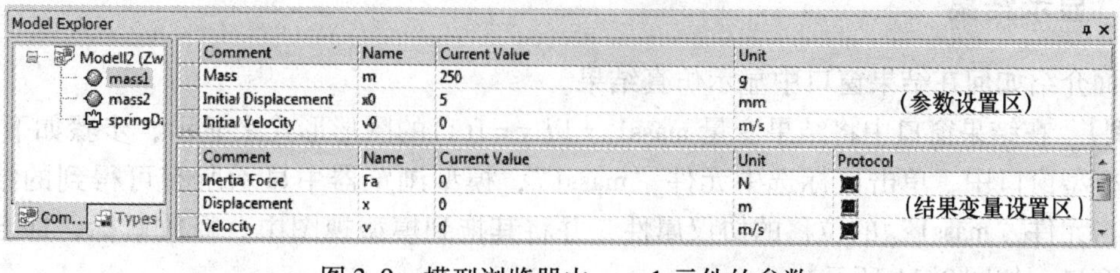

图 3.9 模型浏览器中 mass1 元件的参数

> ⚠️ **注意**：十进制分割点是一个点，不是逗点！

此外，激活结果变量的协议属性（▨→▨），以便能够在仿真过程中或者仿真结束后绘出其结果图形。激活下列结果变量的协议属性：

——mass1：Displacement. x。

——mass2：Displacement. x。

——springDamper1：Internal Force. Fi。

——springDamper1：Displacement Difference. dx。

3.2.4 时域的瞬态仿真

对于提供的样例，可以在 ITI SimulationX 中完成所有的计算：

——时域仿真。

——平衡计算。

——线性分析（固有频率和模态分析）。

这里只讨论在时间域内的仿真。仿真控制的对话框如图 3.10 所示。

此外，通过菜单 Simulation/Start，或者单击工具栏中的按钮 ▶ 来运行仿真。仿真计算在给定的终止时刻停止，默认时间为 1s。单击按钮 ■ 可以暂停仿真计算；单击按钮 ◄◄，可以恢复仿真计算到起始状态。如果想修改终止时刻值，可以打开仿真控制面板的对话框或者菜单 Simulation/Properties 进行修改。

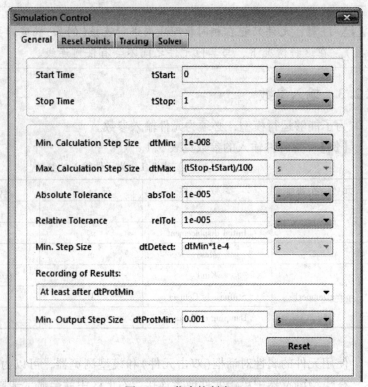

图 3.10　仿真控制窗口

3.2.5 显示结果

下面介绍如何在结果窗口中显示仿真结果。

【例】　在结果窗口中将结果变量 mass1.x 以 y = f(t) 的图形形式来显示，步骤如下：

在模型窗口中，单击鼠标选中元件"mass1"，模型浏览器中显示所有可得到的结果变量。单击元件"mass1"的位移的协议属性，并将其拖到模型视图中。释放鼠标，即会显示出结果窗口，如图 3.11 所示。

下面介绍如何在同一结果窗口中添加显示元件"mass2"的位移结果。

【例】　在模型窗口中选中元件"mass2"，通过拖曳方式，将该元件的位移的协议属性插入结果窗口，即可实现在一个结果窗口中显示两条曲线，如图 3.12 所示。

下面介绍以 y(x) 的图形表达方式显示弹簧阻尼元件（springDamper1）的位移差（dx）和内力（Fi）之间的关系。

【例】　首先重置仿真，然后激活位移差变量（dx）和内力（Fi）的协议属性。运行仿真之后，将内力（Fi）结果添加到位移差变量（dx）的结果窗口中，单击结果窗口工具条上的按钮 y(x)，使曲线转化为 y(x) 表达方式，如图 3.13 所示。

单击按钮 ◄◄，重置仿真。先修改参数或者改变模型结构，然后再次启动仿真。同样的，重置仿真时会删掉所有的结果曲线。

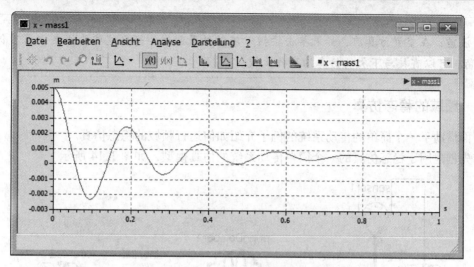

图 3.11　mass1 的结果窗口

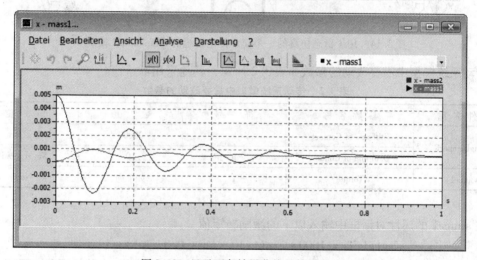

图 3.12　显示两条结果曲线的结果窗口

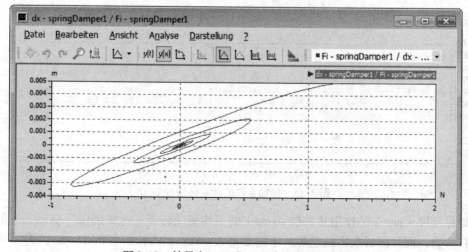

图 3.13　结果窗口显示 y(x)表达形式的曲线

⚠️ **注意**：在重置仿真前，如果单击按钮❇️冻结结果曲线，那么这些曲线在重置后仍将被保留，可以直接与下次的仿真结果作比较。

3.2.6 频域的稳态仿真

下面借助于一个简单的传动系统的例子介绍如何运行频域的稳态仿真。

首先创建用于稳态仿真的一个简单传动系统的仿真模型，如图 3.14 所示。

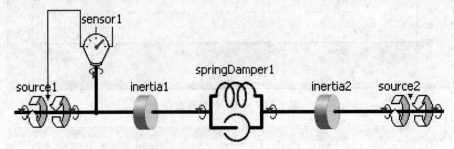

图 3.14 用于稳态仿真的一个简单传动系统的 SimulationX 模型

传动系统模型中需要改动的参数如表 3.2 所示，其他采用默认值。

表 3.2 传动系统模型中需要改动的参数

元件名称	参数名称	符号	数值	单位
springDamper1	Stiffness of Contact	k	20000	Nm/rad
	Damping of Contact	b	10	Nm·s/rad
source1	Torque	T	如下面	Nm

在 source1 的属性对话框中输入以下的激励转矩值：

$$source1.T = 1000 * exp(-10 * (cos(0.5 * in1) + 1))$$

相应的激励转矩波形如图 3.15 所示。它使曲轴周期性地旋转两圈，这种情况类似于 4 冲程发动机。

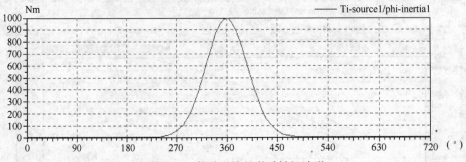

图 3.15 传动系统的激励转矩波形

转矩源元件 source2 的作用是补偿 source1 的平均驱动转矩。这样确保了驱动系统的平均转速保持常数，而且能够获得稳定解。不需要修改 source2 的转矩参数 Torque，因为采用的谐平衡算法自身能够计算必要的补偿转矩。

运行稳态仿真之前，必须激活期望的结果变量的协议属性。对于当前应用实例，需要激活的结果变量为：元件 inertia1 的加速转矩 Ta 和元件 inertia1 的角速度 om。[⊖]

在图 3.16 显示的工具栏的多选框中选择 Steady State（稳态）。然后单击工具栏中的按钮，或者单击菜单 Simulation→Steady State Settings，打开稳态仿真的属性对话框。在这个例子中，只需在页面 System 设置一些参数即可，如图 3.17 所示。

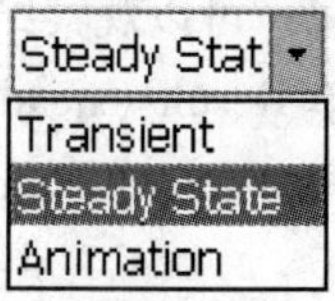

图 3.16　工具栏选框

在 Reference Quantity 的多选框里选择角速度 inertia1. om 作为参考变量，并输入 100rad/s 和 300rad/s 分别作为起始值和终点值。这就决定了interita1 的平均角速度范围，这也是稳态计算的内容。

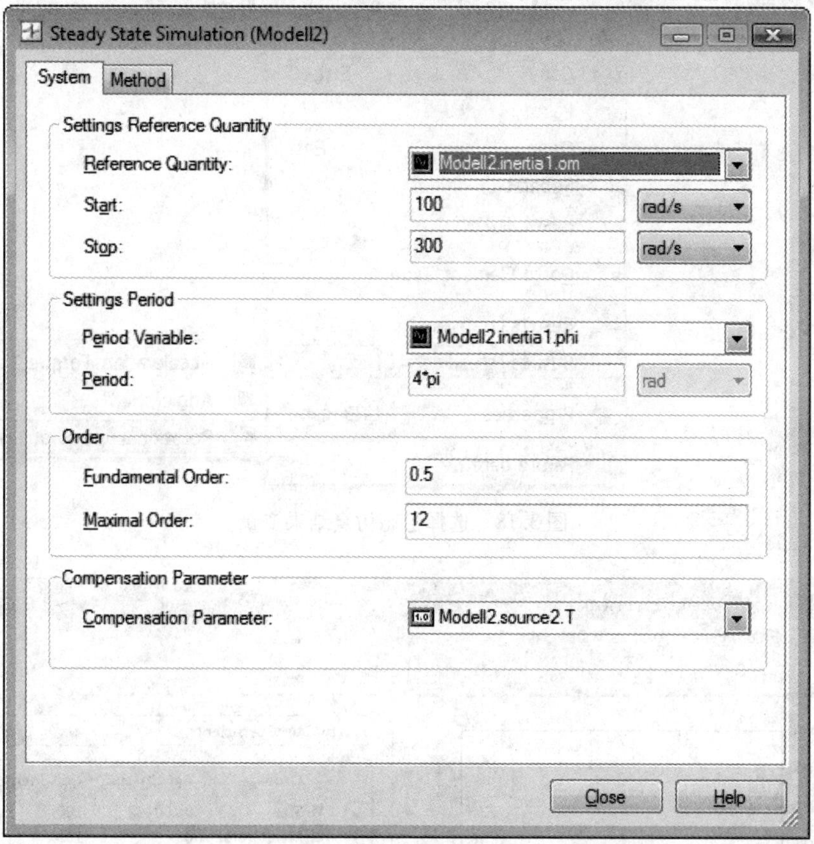

图 3.17　稳态仿真属性对话框的 System 页面

当选择角速度 inertia1. om 作为参考变量时，角度 inertia1. phi 就自动地选为 Period Variable 的默认值。由于激励转矩对于 inertia1. phi 是 4π 的周期，因此可以保留周期变量 Period 的默认值 4π，也可以保留 Fundamental Order 和 Maximal Order 的默认值。

对于给定的周期长度 4π，振动基频赋值为 0.5，所以一阶振动的周期长度为 2π，其他周期长度可依此类推。

选择变量 Source2. T 作为补偿参数。如前所述，谐平衡调整补偿参数，以便一个周期内

⊖　在本软件中角速度统一表示为 om。

的平均角速度保持常数。

输入所有仿真参数后，单击按钮 ▶ 或者菜单 Simulation→Start 运行稳态仿真。仿真期间，可以观察结果。在元件 interita1 上单击鼠标右键，打开 interita1 的上下文菜单，在子菜单 Results(steady state)中选择条目 Rotational Speed om，如图 3.18 所示，打开稳态仿真结果窗口 interital.om，如图 3.19 所示。

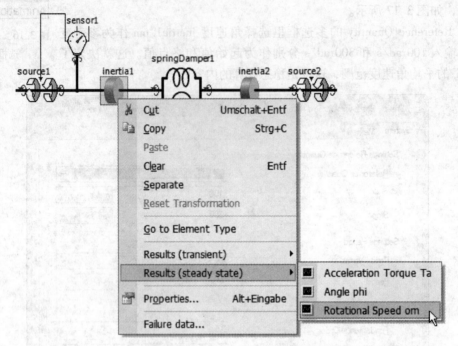

图 3.18　选择稳态仿真结果变量

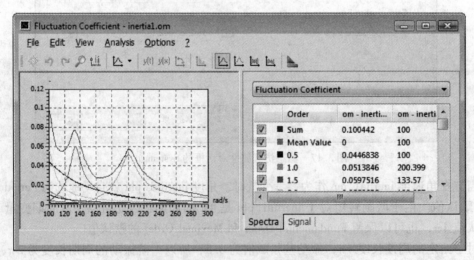

图 3.19　变量 inertial.om 的结果窗口

打开结果窗口时，信号显示为谱形式。使用选择框可以打开或者关闭结果窗口中的独立曲线。对于旋转质量块的角速度，默认显示方式为波动系数(Fluctuation Coefficient)，也可以选择其他显示方式，如振幅(Amplitude)、激励(Excitation)、相位(Phase)、实数部分(Real Part)或者虚数部分(Imaginary Part)。

右下角的制表符 Spectra/Signal 可以将结果窗口在谱图和信号图进行转换。

变量 inertial. om 在周期变量(intertial. phi)期间的表示如图 3.20 所示。

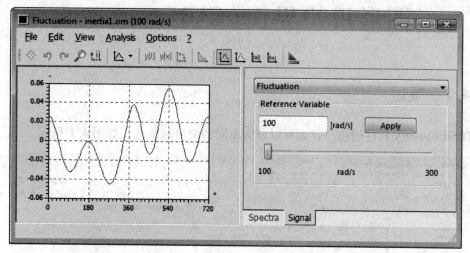

图 3.20　变量 inertial. om 在周期变量(intertial. phi)期间的表示

右上角的多选框提供了偏差(Deflection)、偏差和均值(Deflection + Mean Value)和波动(Fluctuation)的表示方式。旋转质量块的角速度的默认表示方式为波动。

使用滑动条，可以改动周期变量期间参考变量的值。对于其他的参数，可以在文本框中输入期望的数值，然后单击按钮 Apply 或者按钮 Return。

▶▶3.3　ITI SimulationX 对不同种类系统的建模与分析

通过使用 ITI SimulationX 软件，可以快速有效地解决问题，也可以对技术系统进行评估和优化：

——瞬态仿真或稳态仿真。

——自动进行参数研究(通过按钮或菜单 Analysis/Variants Assistant...)。

——线性系统分析：分析系统的固有频率和模态(通过按钮或菜单 Analysis/Natural Frequencies...)。

——线性系统分析：输入-输出分析(通过按钮或菜单 Analysis/Input-Output Analysis)。

——拓展现有元件(通过按钮或菜单 Elements/Extension…)。

——创建组合元件(通过按钮或菜单 Elements/Compound…)。

——使用 Type Designer/Fluid Designer 创建自定义元件类型和流体。

——执行用户指定算法。

——联合仿真。

——代码输入用于加速仿真(可执行模型)或模型集成。

——软件在环仿真(SIL)。

——硬件在环仿真(HIL)。

第4章

图形用户界面(GUI)

▶▶▶ 4.1 概述

ITI SimulationX 软件的用户界面可以分为不同的窗口和区域，如图4.1所示。

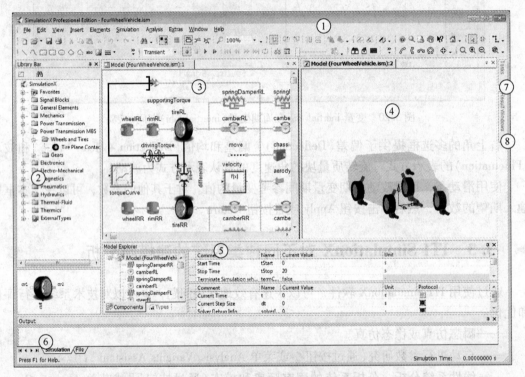

图 4.1 SimulationX 软件的用户界面

①—菜单和工具栏；②—学科库；③—结构视图；④—3D 视图；⑤—模型浏览器；
⑥—输出区；⑦—任务栏；⑧—结果窗口管理器

SimulationX 软件用户界面包括两个主要窗口类型：工具窗口和文档窗口。这两个窗口类型在特性上有细微的差别。

4.1.1 工具窗口

工具窗口在菜单视图中列出，可以通过多种方式显示：

——自动显示或隐藏。

——在 SimulationX 程序界面上靠边固定显示。

——浮动显示。

4.1.2　文档窗口

当打开或创建模型时，文档窗口动态建立。打开的文档窗口的列表显示在窗口菜单里。可以将多个文档窗口合并成水平或者竖直的制表符组合，也可以容易地从一个制表符切换到另一个制表符来转换视图。

而且，通过菜单 View 可以实现用户化定制窗口。这里，可以将其改变为全屏模式来显示文档窗口。

▶▶▶ 4.2　软件的使用

4.2.1　菜单栏和工具栏

使用菜单栏和工具栏，可以运行 SimulationX 的全部工具和命令，可以改变工具栏的布置、位置和内容，还可以在工具栏中增加按钮和改变按钮图标。

1. 添加新的工具条

（1）在菜单 Extras 中单击 Customize。

（2）在对话框 Customize 中选择 Toolbars。

（3）选择 New。

（4）在对话框 New toolbar 中，输入 Toolbar 的名字。

（5）单击 OK。

2. 在工具栏中添加按钮

（1）在菜单 Extras 中单击 Customize。

（2）在对话框 Customize 中选择 Toolbars。

（3）选择期望调整的工具条，并激活它。

（4）选择 Commands。

（5）在 Categories 栏中找到期望添加的命令所在的类别。

（6）在 Commands 中选择一个命令。

（7）在对话框 Customize 的 Commands 栏中，将命令拖到目标工具条上。

（8）当鼠标出现正号（＋）的信号时，释放鼠标，完成添加。

3. 修改工具栏中按钮的图标

（1）在菜单 Extras 中单击 Customize。

（2）在对话框 Customize 中选择 Toolbars。

（3）选择期望修改图标的工具条，然后激活它。

（4）在对话框 Customize 中，单击期望修改的按钮。黑色正方形或者矩形表示该按钮已经被标记为可编辑。

（5）选中 Commands。

（6）选中 Change selection。

（7）选择 Change icon，然后在子菜单中选择期望的图标。如果可用的图标不适合参数要求，用户可以自行选用系统图标。

4. 编辑图标

（1）在菜单 Extras 中单击 Customize。

（2）在对话框 Customize 中选择 Toolbars。

（3）选择期望修改图标的工具条，然后激活它。

（4）在对话框 Customize 中，单击期望修改的按钮。黑色正方形或矩形表示该按钮已经被标记为可编辑。

（5）选中 Commands。

（6）选中 Change selection。

（7）选择 Change icon。

（8）在对话框 Icon editor 中，为选中的按钮定制图标。

另外，在对话框 Customize 中，也可以定制菜单。

4.2.2　学科库

学科库的作用是选取、管理和编辑元件类型。与逻辑相关的元件类型可归纳入一个组合，该组合在结构上是分等级的，并采用树型结构显示，类似于 Windows 文件夹的显示。

1. 学科库中的文件夹分类

（1）喜爱的元件库。

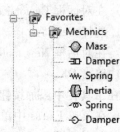

图 4.2　喜爱的元件库

通过拖曳方式，可以把经常使用的元件类型或者学科库保存在如图 4.2 所示的 Favorites 文件夹下。在该文件夹下建立新组时，允许创建用户自定义的文件夹，且独立于所包含的元件类型的实际名称等级。该文件夹的内容是单独保存在用户数据路径下（例如，C:\Documents and Settings \ < user > \User data\ITI GmbH\ITI SimulationX *3.1*）的文件 usersetting. mo 中的。

（2）SimulationX 的学科库。

如图 4.3 所示的 SimulationX 的学科库文件夹显示了 SimulationX 中包含的且授权的所有学科库和元件类型。其中包含的元件类型不能更改，也不能删除。但是，通过派生已有类型，可以将一个元件类型的属性继承给新元件类型。可以在 TypeDesigner 中对采用这种方式创建的新元件进行编辑。如果不要求 SimulationX 的某个学科库，可以在启动软件时，不自动加载该学科库，步骤如下：

① 在菜单 Extras 中选择 Options。

② 在 Options 对话框中，选择条目 Libraries & Add-ons。

③ 勾掉启动软件时不期望自动加载的学科库的多选框。

（3）Modelica 标准库。

在图 4.4 所示的 Modelica 标准库文件夹中，可以找到 Modelica 标准库的内容。这里的 Modelica 元件类型可以在

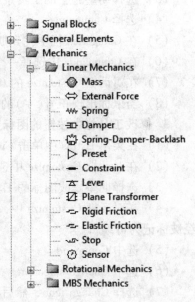

图 4.3　SimulationX 的学科库

TypeDesigner 中打开,而且可以查看包含的内容和 Modelica 源代码,但是不能更改和删除这些元件类型。

SimulationX 产品不包含 Modelica 标准库,但是可以从 Modelica 协会的网站下载学科库(http://www.modelica.org)。

(4)□其他 Modelica 库。

在图 4.5 所示的其他 Modelica 库文件夹内,可以找到其他学科库的内容,这部分内容安装在 Modelica 的搜寻路径下。ITI 外部类型库"ITI External Libraries"(例如:内燃机、同步装置)也属于这一类。

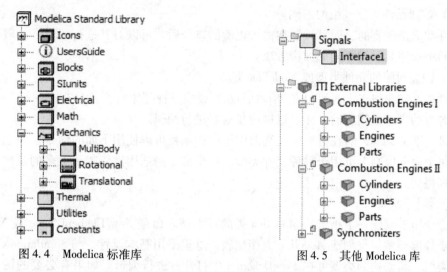

图 4.4 Modelica 标准库　　　　　图 4.5 其他 Modelica 库

该文件夹中的组或者元件类型可以重新命名、移动或者复制、在 TypeDesigner 中编辑,也可以添加新元件,甚至可以删除。在学科库树型结构中的 ITI SimulationX 路径下,创建一个新的 Modelica 学科库,通过工具条中的选择框或者上下文菜单将 Package 作为一个新的 Modelica 类添加进去。进一步编辑,可自动打开 TypeDesigner。新创建的类可以以相同的方式延伸为新的 Modelica 类。

(5)□外部类型(External Types)

在外部类型文件夹下,可以找到所有用户自定义的元件类型,这些元件类型保存在外部类型路径下。包含在该文件夹下的组或者元件类型可以重命名、通过拖曳方式移动或者复制、在 TypeDesigner 中编辑或者删除。创建新组、新元件类型或其他 Modelica 类时,首先在学科库的树型视图中选取包含新创建类型的组,然后即可通过上下文菜单添加期望的类型。进一步编辑时,打开 TypeDesigner,或者在新创建组的情况下,打开相应的对话框。

2. 学科库的基本信息

在默认情况下,树型视图每个条目的注释都以标签形式显示。这些注释都采用用户选择的语言(德语或者英语)。

与此不同,Modelica 标准库中的元件显示的是类型名称而不是注释。

在学科库的工具栏中,有一个输入框来搜寻元件类型。按下按钮 Search 后,程序开始在树形结构视图中从当前选中元件类型开始搜索输入的特征字符串。搜索时,既搜索名称,也搜索注释。当搜索成功时,寻找到的条目将会被选中。若再按下按钮 Search,则继续搜索。

在树形结构视图中，可以通过附加标记突出显示元件类型的图标。

（1）把元件类型保存为文件。

一个元件类型保存为一个文件。而且，包含在该元件类型的所有子元件类型也储存在该文件中。在学科库底部的预览窗口中可看到相应的文件名。

（2）把包或组保存为目录。

一个包或组保存在单独目录下的文件 package. mo 中。该包或组中定义的类型可以保存在单独文件中或者实际的文件 package. mo 中。包含在该包或组中的包也可以保存为目录。

（3）元件类型或组的编码。

元件类型是加密的，而且只能在输入正确的口令后才可以对其进行编辑。一般来说，不同的 Modelica 工具采用不同的加密方法。

（4）封闭的元件类型或 Modelica 类。

元件类型或 Modelica 类可以在 TypeDesigner 或模型视图中打开。只有在关闭 TypeDesigner 或者各自的模型视图之后，才可以进一步对其进行编辑。

通过上下文菜单，对在树型结构视图中选中的条目可以使用下面的命令。边上给出的图标指明每个命令原则上可用于哪种元件类型。每个命令的适用性依赖于更多的条件，这在文中会特别提到。

（1）New... 。

该命令用于创建一个指定的 Modelica 类的新类型。命令 New Element Type 或 New Group 仅适用于外部类型。与创建 Modelica 类相比较，这里采用基本设置，与 SimulationX 2.0 的设置方式类似。新创建的类型可在 TypeDesigner 中打开并进行编辑。如果有必要的话，在新建组的对话框中必须输入名称、注释和目标路径。之后，就像 Modelica 包一样，可在 TypeDesigner 中编辑新组。

（2）Delete。

该命令用于删除选中的类型及其包含的类型。注意，各个类型保存的文件或路径也会被删除。在删除前，会弹出相应的警告。如果仅是暂时地将类型从树型结构视图中删除，请使用 Unload 命令。

（3）Change comment。

该命令用于修改类型的注释，可以直接在树型结构视图中编辑特征字符串。按返回键，结束编辑；按取消键，终止编辑；新注释不会被应用。

（4）Edit... 。

该命令用于在 TypeDesigner 中编辑选中类型。一旦打开 TypeDesigner，各个类型都保持封闭状态用于进一步的编辑。Modelica 标准库类型可以在 TypeDesigner 中打开，但无法保存。

（5）Open。

该命令用于编辑模型视图中选择的类型的结构。一旦打开模型视图，各个类型都保持封闭状态用于进一步编辑。Modelica 标准库类型可以打开，但无法保存。

（6）Open as model。

SimulationX 模型需要特定环境为仿真计算提供参数和设置。为此，SimulationX 提供了基本类，SimulationX 模型由此推导而来。为了也能在 SimulationX 下计算 Modelica 模型，环境的创建也必须满足这一点。使用命令 Open as model，可在模型视图中打开选中模型的复制品，其中提供的选中模型具有所描述的环境。该模型也可以保存为一个文件，它不会覆盖学科库中显示的类型。采用该操作，可计算 Modelica 标准库中包含的模型样例。

（7）🖼 New Version...。

该命令用于创建选中类型的新版本。新创建的版本代替学科库视图中的基本类型。基本版本仍然保留。当模型中使用的类型具有多个可用版本时，默认的是最新版本。但是，也可以要求使用某一版本。使用兼容的版本有助于保证运算结果的可重复性，这是因为采用这种方式创建的模型不受版本的影响，无论是后续改进版本还是基本版本。

（8）🗀 🗐 🖼 ⬜ New Derivative...。

该命令用于从选中类型中派生新类型。派生允许拓展已有元件类型，例如通过添加连接端口或参数。但是，派生类型无法从根本上修改元件特性。

（9）🗐 🖼 ⬜ Reload。

该命令用于从选中类型开始重新加载元件类型。如果在 SimulationX 外部修改了 mo 文件，而且想将这些修改应用到 SimulationX 中去，则必须执行该命令。注意，在执行该命令之前，必须关闭所有打开的模型。在该过程中，模型的修改会被保存。

（10）🗐 🖼 ⬜ Unload。

为了节省保存空间或者缩小学科库栏的尺寸，可以卸载个别的类型或组。与删除文件或目录不同，卸载不会删除原内容。重启或者使用 Reload 命令，可以使得原内容重新可用。需要注意的是，执行该命令前，所有打开的模型都必须关闭。在执行过程中，模型的修改都会被保存。

（11）🗐 🖼 ⬜ Drag and Drop。

在学科库栏和模型浏览器的树型结构视图中，通过拖曳方式可以复制或移动元件类型。但是，不能移动 Modelica 标准库中的类型。作为原则，受保护的类型也是不能拖曳的。如果需要复制或移动这些类型，必须首先在 TypeDesigner 中删除口令保护。

元件类型的移动可能会导致使用这些元件类型的模型不再能够加载。因此，仅在较少情况下才使用此命令。

在学科库栏的底部有一个小的独立窗口区，用于显示预览图和一些关于学科库树型结构视图中选中条目的有用信息。通过超链接，可以在 Windows 浏览器中打开包含选中类型的文件的所在目录。

4.2.3　结构视图和 3D 视图

SimulationX 支持两种类型的文档窗口。结构视图的作用是实现模型逻辑结构的可视化和编辑。3D 视图用于在三维空间中显示 MBS 机械库中的元件，以及交互地编辑它们的空间位置。

一个模型可以同时打开具有不同设置的视图。通过如图 4.6 所示的菜单 Window 可以创建更多的视图。

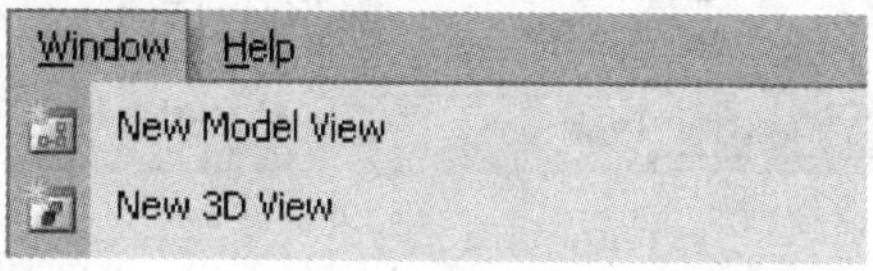

使用下面命令在视图标题栏上单击鼠标右键，

图 4.6　菜单 Window

打开浮动菜单：

（1）⬚ New Horizontal Tab Group 垂直布置。

（2）⬚ New Vertical Tab Group 水平布置。

（3）Move to Previous Tab Group 进入前一视图。

窗口的分割的模型视图如图 4.7 所示，其中添加了一个垂直视图。

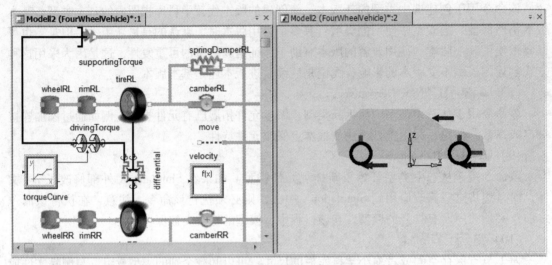

图 4.7　垂直分割窗口的模型视图

使用菜单 Window 可以创建其他视图。

所有设置都保存在模型中。3D 视图具有同样的优先权。这就是说，即使没有 3D 视图，同样可以实现动画。

在模型的属性对话框中，可以指定"3D View"的设置（颜色、栅格和其他）。按钮 Save As Default 用于固定当前设置内容。单击按钮 Reset on Default Settings 用于将所有设置恢复到默认状态。

4.2.4　模型浏览器

在模型浏览器的树型结构视图中列出模型使用的所有构件，如图 4.8 所示。选中任一元件（例如 mass1），或一个连接，它的参数和结果变量就会以表格形式列出来，见图 4.8②和③所示。

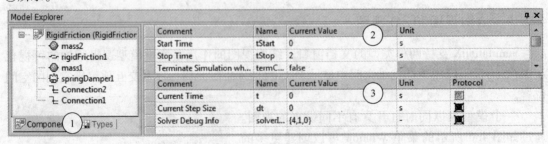

图 4.8　模型浏览器

①—树型结构视图；②—参数表；③—结果表

如果没有选中模型元件，则该视图将显示模型的基本参数和结果变量。

1. 编辑构件属性

在模型视图中或者模型浏览器的树型结构视图中，都可以选择期望编辑的构件（元件或连接）。在模型视图中选择的构件，也可以显示在模型浏览器的树型结构视图中，反之亦然。选中构件的相关参数和结果变量会显示在两个表格中。之后，就可以编辑表格内容，或者从相应的选择列表中选择条目。

编辑时，相应的参数不会被更新。只有在完成编辑且输入有效之后，才会将新值赋给参数。至于完成编辑，有以下几种情形：

（1）使用光标↑和↓换到另一行，或者鼠标单击新区域。

（2）按下返回键。

（3）改变焦点到其他窗口，例如，单击模型视图。

使用菜单 Edit 中的命令 Undo 可以取消修改。在参数表或者结果表的表头上单击鼠标右键，从而可以选择显示的列。参数表和结果变量表如图 4.9 所示。

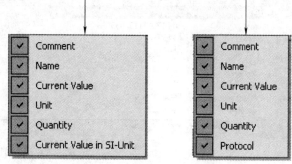

图 4.9　参数表和结果变量表

所有列可以按升序或降序显示。单击对应列的头部，将进行排序（ -升序； -降序）。

在协议一列单击相应图标，可以打开/关闭结果变量的协议属性。

使用拖曳方式，可以将激活的协议图标放到模型视图或者已经打开的结果窗口中。具体做法为：单击协议图标，按住鼠标左键不放，将其移动至目标位置，如图 4.10 所示，鼠标图标底出现

Comment	Name	Current Value	Unit	Protocol
Pressure	p	0	bar	
Temperature	T	-273.15	℃	

图 4.10　显示结果

方框。释放鼠标，结果就会出现在新的结果窗口中或者已有的结果窗口中。

结果变量的当前值是不能改变的，但是能改变显示变量的度量单位。

2. 添加参数和结果变量

可以为当前模型或者用户自定义的元件类型添加参数或结果变量，步骤如下：

（1）在模型浏览器的树型结构视图中，选择在模型中定义的子模型或者元件类型。

（2）单击鼠标右键，在模型浏览器的相应表格中打开上下文菜单。

（3）选取条目 New，表中出现新的变量或者参数。

（4）直接在表中编辑新变量或参数的名称和注释。

3. 删除参数和结果变量

可以删除当前模型或者用户自定义的元件类型中的参数或结果变量，步骤如下：

（1）在模型浏览器的树型结构视图中，选择在模型中定义的子模型或者元件类型。

（2）在相应表格中选择目标参数或变量。

（3）执行上下文菜单中的命令 Delete，就会将参数和变量从表格和模型中删除。

⚠️ **注意**：只能删除预先添加的参数或变量。

4.2.5 输出区

输出区显示消息、计算跟踪输出及警告和错误信息等，如图 4.11 所示。这些信息被分配到不同的类别（例如：仿真或文件）。输出区的内容可以被保存、导出到文本格式，也可以打印。

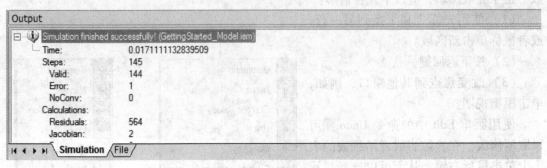

图 4.11 输出区

4.2.6 任务栏

任务栏列出了频繁使用的命令，如打开模型、运行仿真等，如图 4.12 所示，可以直接执行这些命令。

4.2.7 结果窗口管理器

结果窗口管理器帮助管理所有打开模型的结果窗口，如图 4.13 所示。单击各个图标可以显示或者隐藏结果窗口，或者单击图标栏的按钮关闭结果窗口。

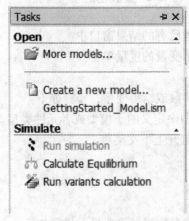

图 4.12 任务栏

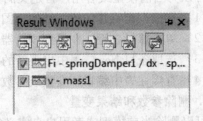

图 4.13 结果窗口管理器

结果窗口管理器中各个按钮的功能如下：

——⬚ 显示所有结果窗口。

——⬚ 隐藏所有结果窗口。

——⬚ 删除所有结果窗口。

——⬚ 显示当前模型的结果窗口。

——⬚ 隐藏当前模型的结果窗口。

——⬚ 删除当前模型的结果窗口。

——⬚ 同步结果窗口。

在结果窗口列表中勾掉/勾上各个选项，可以隐藏/显示对应的结果窗口。

第5章

系统建模的基本原理

目前，常用的多学科领域系统动力学建模方式有三种：面向物理对象的建模、面向信号的建模和基于方程和算法的建模。

用户可以采用最佳建模方法来创建零部件及其系统模型，而且在同一个仿真模型中可以同时使用不同的建模方法，以使每个零部件都能够有最佳的建模方法。

本章将基于 SimulationX 仿真平台，介绍每个建模方法的优点和应用领域。

▶▶▶ 5.1 三种建模方式

5.1.1 面向物理对象的建模

面向物理对象的建模方法是描述仿真模型中任意类型物理行为的最基本的方式，也称为网络式建模。在 SimulationX 中，这种建模方法可以应用于所有物理领域。

如图 5.1 所示为物理建模的基本原理图。物理模型由元件组成，元件之间通过连线（也称为节点）相互连接。在 SimulationX 中，元件就是对象，可以在库中找到；但连线是创建元件之间关联时创建的。如图 5.2 所示为在 SimulationX 中创建的一个物理模型，其中，元件来源于平移机械库。

物理模型中的物理关系式可以通过势量和流量来创建。

一个节点包含一系列的势量，与该节点相连的所有元件

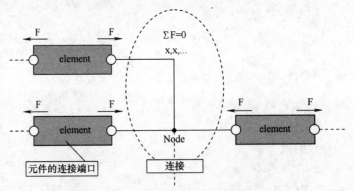

图 5.1 物理建模的基本原理图

连接端口包含的势量完全相同。举例来说，势量可以是：机械学中的位移、速度、加速度，流体学中的压力，电子学中的电压，或者热力学中的温度等。

流量必须是满足某些特定平衡方程的量。例如，在机械学中，节点中的力或力矩必须平衡。同样，电子学的电流也必须平衡，其他物理领域中的流量也是如此。

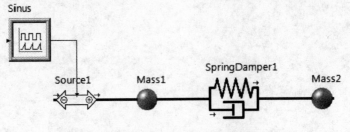

图 5.2 来自平移机械库的物理模型

流量的平衡方程和势量都在节点中被定义。

元件即为 SimulationX 库中的或者用户自定义的对象。元件定义了它的连接端口的势量和内在流量之间的关系。例如，在机械学中，一个弹簧元件通过刚度参数 k 定义了内力 F 和其端口间位移差 dx 之间的关系方程式：$F = k \times dx$。

5.1.2　面向信号的建模

信号结构的建模所遵循的原理与物理模型有所不同。信号结构，如控制系统，是信息处理结构。这意味着，这种结构的元件根据提供给它们的输入数据生成输出数据。在这种模型中，具有明确定义的信息流和因果关系。

信号模型是控制系统建模的最合适的方式，它可以作为物理学科库中的辅助结构计算各种从属关系量。如图 5.3 所示为信号模型的结构示意图。

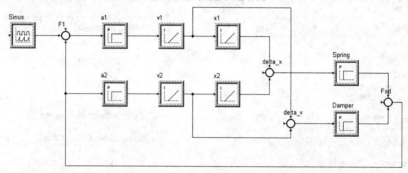

图 5.3　信号模型的结构示意图

为了连接物理模型和信号模型，SimulationX 中不同物理领域的学科库里面都提供了传感器和执行器。传感器将物理量转换为信号，而执行器将信号转换为合适的物理特性(如应用载荷或者位移)。

面向信号的建模方法也可以用于描述物理结构，但是信号模型要求有严格的因果关系，而且要求建模人员具有较强的数学功底。实际上，图 5.2 和图 5.3 显示的是同一个模型。显然，物理建模的方法更具有优势。

5.1.3　基于方程和算法的建模

SimulationX 中的方程和算法由面向对象的建模语言 Modelica 来描述，该语言已被集成在 SimulationX 中。

方程允许基于文本的符号以代数-微分方程组的形式直接描述物理关系式，这一点对于用户定制 SimulationX 和开发用户自定义元件非常有用。

算法提供了各种方法来执行程序，如各种控制器。

▶▶▶5.2　创建模型

5.2.1　SimulationX 的用户界面

图形用户界面(GUI)是 SimulationX 中创建模型的主界面。该图形用户界面(GUI)被分解成若干个窗口，用于管理用户与 SimulationX 之间的不同交互。

SimulationX 模型通过拖曳的方式在结构视图窗口中被组装在一起，该窗口通常位于 SimualtionX 窗口的中心位置。学科库栏通常位于 SimulationX 窗口的左侧，SimulationX 模型中的元件类型的集合都是由它来提供的。

模型可以保存为 SimulationX 模型（∗.ism）或者 SimulationX 项目（∗.isx）。

SimulationX 项目的文件格式允许加速保存和读入包含大量二进制数据的模型，如录制的结果、动画、CAD 数据或模型浏览图形等。SimulationX 项目是以 ZIP 格式存档的。无论是文本格式模型，还是内嵌式数据，都可以直接进行访问。例如，录制的仿真结果可以用其他程序直接进行截取、评估或者处理，而不用 SimulationX 软件。但是，SimulationX 不支持项目文件（∗.isx）的加密保存。为了防止非法访问，最好对模型文件（∗.ism）加密。

保存模型时，可以选择如图 5.4 所示的附加选项。

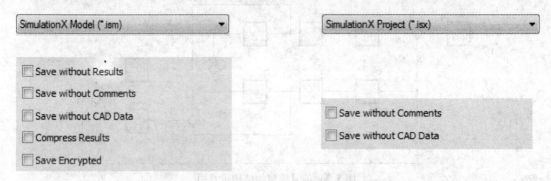

图 5.4　保存模型时的附加选项

通过选择对应选项，可以避免保存导入的 CAD 数据。在这种情况下，用于定义实体形状的三角网格被简单的立方体代替。导入的质量和惯性数据不会被删除掉，而是被完整地保存在模型中。

另外，通过菜单选项 File/Export 可以导出 SimulationX 模型。通过菜单选项 File/Save 或者 File/Save as 也可以达到相同的效果。在导出过程中，所有外部参考将被分解并保存为模型中的局部类型（菜单选项 Edit/Resolve External References 具有该功能）。以前的外部参考可以在模型浏览器的属性页 Types 中找到，如图 5.5 所示。

图 5.5　在 Types 中找到以前的外部参考

5.2.2　单元类型和学科库

SimulationX 中使用的元件具有三个来源：SimulationX 的学科库、Modelica 标准学科库和用户自定义元件类型库。

所有这些元件都可以作为一个元件或者一个仿真模型的部分。

1. SimulationX 的学科库

SimulationX 提供了不同领域的学科库，如图 5.6 所示。一个学科库是否可用是由不同安装版本购买时的权限决定的。

SimualtionX 学科库是由 ITI 公司基于由大量的工程项目和应用获取的知识经验进行开发和维护的，并经过很好的验证和测试。为了方便、容易地使用学科库中的元件，这些元件都进行了详细的描述。对于所有的 SimulationX 学科库，用户都可以获得全面的技术和建模支持。

SimualtionX 学科库都是建立在本章第 1 节中介绍的建模方法的基础上的。

用户不能修改 SimualtionX 学科库，但是可以将其作为起始点，通过创建复合模型或者拓展学科库元件的功能的方式，开发用户模型对象。

2. Modelica 标准学科库

SimulationX 运行 Modelica 语言时，是将其作为用户自定义类型的模型开发和编程接口。Modelica 是一种语言标准，而且公开发表了大量用 Modelica 语言编写的实用模型库，这些模型库也可以在 SimulationX 中使用。图 5.7 显示了 SimulationX 中 Modelica 标准学科库的部分内容。

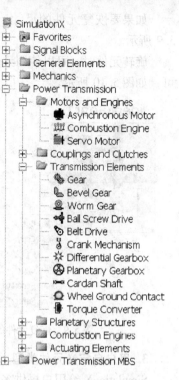

图 5.6　SimulationX 学科库的部分截图

Modelica 学科库既不是由 ITI 开发的，也不能由 ITI 维护，因此，与 SimulationX 自带的学科库相比，具有以下两个局限性：

（1）Modelica 中没有连接对象，因此使得模型对象的开发比较复杂，与 SimulationX 学科库的耦合需要特殊的接口元件。

（2）Modelica 不允许将参数赋值于变量或者表达式，而此对于 SimulationX 的灵活建模却是非常关键的一个因素。

（如何在 SimulationX 中使用 Modelica 学科库请参考高级教材。）

改变 Modelica 元件图像的尺寸时，需先将鼠标指针移到元件的标记框图的顶点上，按下鼠标左键不放，然后移动鼠标，直到达到期望的尺寸，如图 5.8 所示。

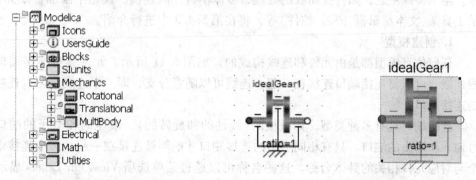

图 5.7　Modelica 标准学科库的部分截图　　　　　图 5.8　修改 Modelica 对象的尺寸

如果要恢复元件的尺寸，可以使用元件的上下文菜单选项 Reset Transformation，如图 5.9 所示。

旋转元件时，可以使用元件中的红色箭头。首先选中元件，然后单击红色箭头，旋转即可，如图 5.10 所示。

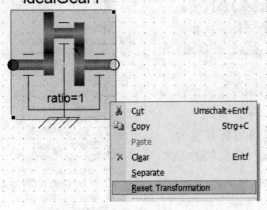

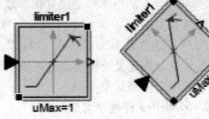

图 5.9　恢复元件的尺寸　　　　　　　　　图 5.10　旋转元件

3. 用户自定义元件类型

SimulationX 给用户提供多种途径来开发用户库和模型元件。它们都保存在学科库栏下的 ExternalTypes 文件夹中，或者以局部类型的形式保存在仿真模型中。新元件类型可以是以下三种中的任何一种或者它们的组合体：

——已有类型的复合元件类型。
——已有类型的拓展元件类型。
——基于方程和算法开发的新元件类型。

为了开发用户自定义元件类型，可以使用所有的 SimulationX 性能和 Modelica 性能，也可以两者共同使用。

5.2.3　模型的创建和修改

本节介绍如何在 SimulationX 中组装仿真模型。本节介绍的都是模型创建的基本入门信息。至于特殊主题，如特征曲线的处理、多体学科库的建模、模型中添加辅助元件(瞬间显示工具条、文本编辑框、图形、控件)等，将在第 5.4.3 中进行介绍。

1. 创建模型

任何仿真模型都是由元件和连线构成的，如图 5.11 所示。元件具有连接端口，通过一根连线，可以将连接端口连接在一起。连线可以随意分支，即一根连线上可以连接两个以上的连接端口。

连接端口具有多种类型，如机械的(线性的和旋转的)、液压的和电子的端口，还有信号输入和输出的端口。只有相同类型的连接端口才能够被连接在一起。每个连接端口都有一个与对应元件相关的具体名称。这些名称可以通过菜单选项 View/Pin Labels 显示出来，或者通过按钮 ⊐ 显示出来。

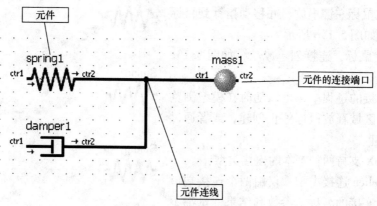

图 5.11　仿真模型的构成

通过拖曳方式，在模型浏览窗口中添加一个新的元件，操作步骤如下：

（1）在学科库中的树状视图中找到相应的元件类型，如图 5.12 所示。

（2）单击选中的元件，并按住鼠标，将鼠标指针移动到模型浏览窗口中需要插入新元件的位置，如图 5.13 所示。

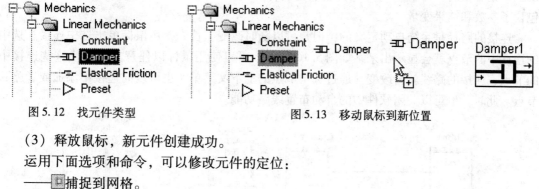

图 5.12　找元件类型　　　　　　　　　　图 5.13　移动鼠标到新位置

（3）释放鼠标，新元件创建成功。

运用下面选项和命令，可以修改元件的定位：

——⊞捕捉到网格。

——↶左旋。

——↷右旋。

——⊓⊔水平镜像。

——⊟垂直镜像。

⚠ **提示：** 用鼠标拖曳元件可以改变元件的位置。

如果需要在模型浏览窗口中放置同一类型的多个元件，可以重复步骤（1）~（3）数次，或者利用拖曳式复制的功能来实现，如图 5.14 所示。

在两个连接端口之间创建一个连接，步骤如下：

（1）将鼠标指针放在连接端口处，这时鼠标的指针形状和颜色会发生相

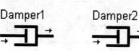

图 5.14　用拖曳式复制同一类型的多个元件

35

应的改变，如图 5.15a 所示。

（2）按住鼠标左键不放，并移动指针到目标连接端口处，如图 5.15b 所示。

（3）释放鼠标，连接创建成功，如图 5.15c 所示。

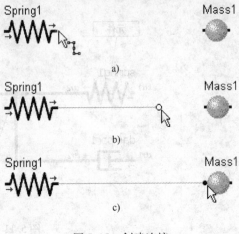

在创建连接的过程中，可以随时在模型浏览窗口中的空白区域释放鼠标停止创建，或者通过 Esc 键停止创建。

SimulationX 支持两种基本的连接类型：

（1）Modelica 连接类型：仅由两个连接端口定义。该类型连接的名称、参数和结果变量都不是唯一的。作为可选内容，连接的标签可以带注释。

图 5.15　创建连接

（2）SimualtionX 连接类型：由任意数量的连接端口定义。因此，该类型连接可以将两个以上的元件连接在一起。如果需要将一个元件添加到已有的连接线中去，那么将元件的空闲端口和已有的连接线连接起来即可。连线时，起始点在元件的空闲端口或者在已有的连接线上都是可以的。每个 SimulationX 连接的名称都是唯一的，而且在大多数情况下，名称中包含了参数和结果变量。

连接的路径是系统自动定义的，但是可以随时改变。首先，用鼠标单击选中连接。选中的连接中的节点就会显示出来，如图 5.16 所示。可以使用鼠标以任意方式替换这些连接中的节点，连接的路线就会改变。通过选中节点的上下文菜单，也可以向连接中添加或者删除节点。此时，也可以关闭软件中的自动布置线路功能。

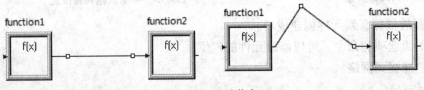

图 5.16　显示节点

用鼠标单击连接，指针会显示连接线可以移动的方向，如图 5.17 所示。

为了使模型更清晰，允许连接存在分支。因此，可以在自由连接端口和已有连接之间创建连接，如图 5.18 所示。

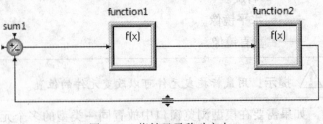

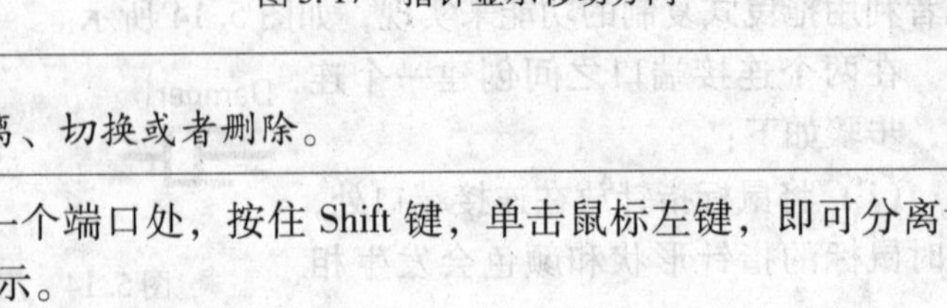

图 5.17　指针显示移动方向

⚠ **提示**：所有连接也可以被分离、切换或者删除。

拖曳鼠标到需要分离的连接的一个端口处，按住 Shift 键，单击鼠标左键，即可分离该连接对应的两个元件，如图 5.19 所示。

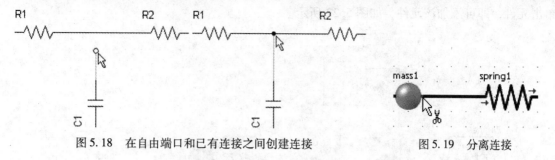

图 5.18 在自由端口和已有连接之间创建连接　　图 5.19 分离连接

切换连接时，首先如图 5.20a 所示用鼠标单击该连接；按住鼠标不放，将其移动到其他位置，如图 5.20b 所示；移动鼠标指针到目标元件的连接端口处，释放鼠标即可，如图 5.20c 所示。

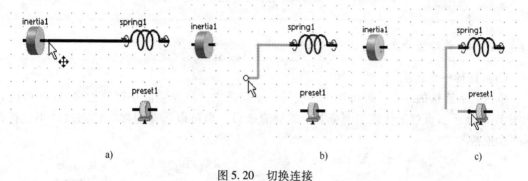

a)　　　　　　　　　　b)　　　　　　　　　　c)

图 5.20 切换连接

此外，也可以使用 Del 键分离连接，在这种情况下，该连接被彻底删除。

通过应用元件的属性对话框中的 Separate 选项，也可以分离元件。

2. 编辑模型

（1）选择一个元件。

在元件处单击鼠标，即可选中该元件。一旦选中，该元件会自动被一个方框加强显示（可选），如图 5.21 所示。

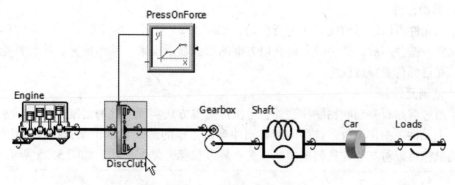

图 5.21 选择一个元件

另外，通过选择模型浏览器中的对应条目也可以选中单个元件。

（2）选择多个元件。

选中多个元件，有多种途径：在元件周围用鼠标拖曳一个方框；按住 Shift 键，用鼠标单击元件，即可添加该元件，如图 5.22 所示。

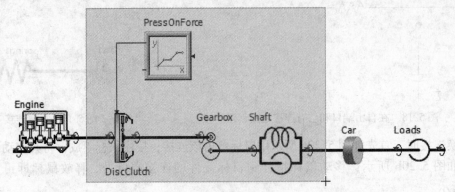

图 5.22　选择多个元件

⚠ **提示**：删除多个元件时，可以采用这种方法来选择元件。

（3）选择一个连接。

单击表示连接的线条，即可选中该连接。一旦选中，该连接被小矩形加强显示（可选），如图 5.23 所示。通过选择模型浏览器中的对应条目，也可以选择连接。目前软件不支持选择多个连接。

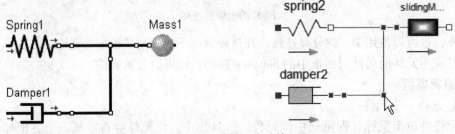

图 5.23　选择一个连接

（4）移动元件。

选中的元件可以通过拖曳方式进行移动，如图 5.24 所示。步骤如下：用鼠标单击当前选中的元件，按住不放。选中的元件会以方框的形式显示出来；移动鼠标，将元件拖曳到目标位置；在目标位置释放鼠标。

（5）复制元件。

除了通过剪贴板复制和粘贴模型外，可按照拖曳方式实现元件的复制：用鼠标左键单击选中的一个元件，按住不放，选中的所有元件会以方框的形式显示出来；按住 Ctrl 键不放，通过移动鼠标可以将其放在任何期望的位置；释放鼠标，复制成功，如图 5.25 所示。

⚠ **提示**：在释放鼠标之前，通过 Esc 键，可以随时中断上述拖曳操作。

3. 标注元件和连接

通过改变元件参数对话框中的 General 属性页，可以改变元件的名称和注释，以及标签

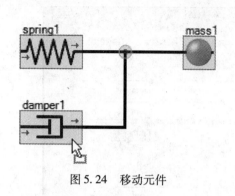

图 5.24　移动元件

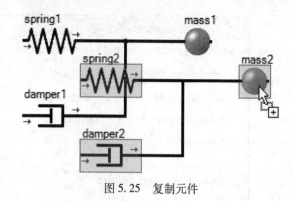

图 5.25　复制元件

的方向和对齐特性。

⚠ **注意:** 改变元件名称的时候,其他元件对该元件的引用(如函数表达)会失效。

所有元件的标注模式是整体可调的。在 Options 对话框(菜单选项 Extras/Options/Labels)的属性页中有 4 种不同的标注模式,如表 5.1 所示。

表 5.1　元件标注

元　件	选项说明	示　例	元　件	选项说明	示　例
Name	使用元件的名称	Mass1	Main Parameters	使用元件的主参数	m = 1 kg
Comment	使用元件的注释	Mass	Free Label	使用在编辑框 Format 中输入的文本内容	mass wheel1

使用 Free Label 时,可以在编辑框 Format 中输入语句,具体格式如表 5.2 所示。

表 5.2　使用自由标签时输入的语句格式及含义

语句格式	含　义	语句格式	含　义
&name	元件的名称	&mainparamvalue	主参数值
&comment	元件的注释	&mainparamunit	主参数的当前单位

▶▶ 5.3　参数和结果

5.3.1　属性窗口

属性窗口用于显示和编辑仿真模型中构件(元件和连接)的属性。如图 5.26 所示为某元件的属性窗口。属性窗口可以按照下面任一方式打开:

(1)用鼠标双击模型浏览窗口或者模型浏览器中的目标构件。

(2)选择元件,然后选择菜单选项 View/Properties 或者同时按住 Alt 键和 Enter 键。

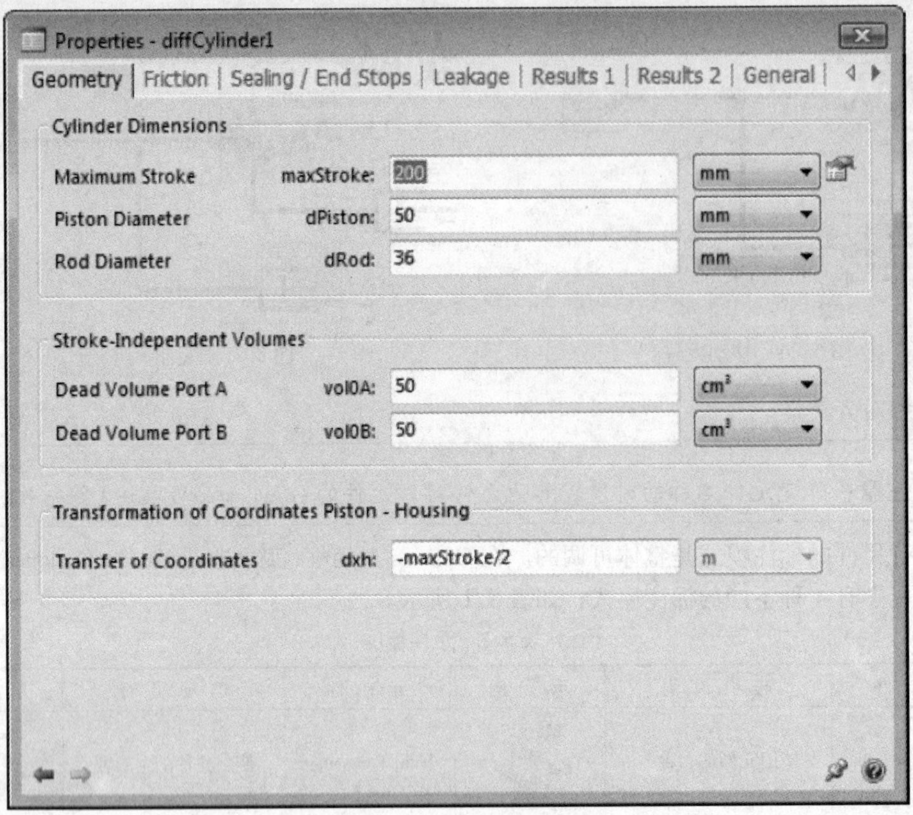

图 5.26　某元件的属性窗口

（3）在元件的浮动菜单中选择 Properties。

如果模型浏览窗口中选择的对象发生改变，属性窗口会自动关闭。

在属性窗口的底部有一个工具条，可以提供下列功能：

——◎单击 Help 按钮，显示该构件的在线帮助。

——🔧单击 Keep opened 按钮，将阻止属性窗口在选择另外构件时的自动关闭。此时，如果改变当前选择，属性窗口会保持打开状态，而且显示新选择构件的属性。只有当关闭属性窗口或者重新单击该按钮时，该显示模式才会失效。

——⬅单击 Backward 按钮，打开之前编辑构件的属性窗口。

——➡单击 Forward 按钮，退到单击 Backward 按钮之前编辑的构件。

⚠ 提示：单击鼠标右键，可以改变该工具条的位置。它的位置或者在属性窗口的底部（默认）或者在其顶部。

同类属性在对话框中的同一属性页中显示。单击对应标签，可以打开特定属性页。使用 Ctrl + Tab 键和 Ctrl + Tab + Shift 键可以分别转移到下一个或者前一个属性页。属性窗口的大小是可调的。属性窗口有最小尺寸，这由属性页中输入的最大数量决定。属性窗口的位置和尺寸是可以保存的，因此当重新打开属性窗口时，它会出现在与上次相同的位置并具有相同的尺寸。

修改构件的属性是即时完成的。使用菜单 Edit 中的命令选项 Undo，工具条中的按钮⤺，或者 Ctrl + Z 组合键，都可以恢复修改。

单击属性窗口标题栏中的按钮 ▣，可以手动关闭属性窗口；或者使用系统菜单中的 Close 命令（Alt + F4 组合键）也可关闭属性窗口。

属性窗口中参数和单位的默认输入值是蓝色的。通过各个输入编辑框的浮动菜单中的命令 Reset to Default 可以恢复系统默认值。

属性窗口支持同时选择多个构件。在这种情况下，只显示被选择构件的共同属性。对该属性的修改会影响到所有选择的构件。图 5.27 显示了三个弹簧元件的共有属性窗口，在此窗口可以同时对三个元件的刚度值进行修改。

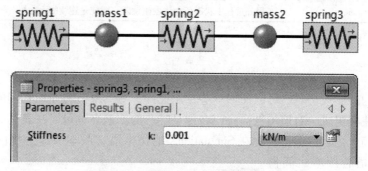

图 5.27　多个元件共有属性的修改

单击单位选择栏右侧的按钮 🔳，可以查看参数特征、变量和结果变量，如图 5.28 所示。表 5.3 列出了参数对应的属性选项和含义。在这里，可以进行额外参数设置，如值区间、起始值等。

Edit Attributes of elasticFriction1.Fst	
Attribute	Value
min	-1.79769313486232e+308
max	1.79769313486232e+308
start	0
fixed	false
notFixed	false
nominal	1
stateSelect	StateSelect.default
minNotReached	false
maxNotReached	false
absTol	
relTol	
discontChange	false
quantity	Mechanics.Translation.Force
unit	0
comment	Stick Force

图 5.28　查看参数特征、变量和结果变量

表 5.3　单位的属性和含义

属性选项	含义
min, max	指定模型有效范围限制
minNotReached maxNotReached	
start fixed, notFixed	连续状态和离散状态的起始值
stateSelect	指定变量是否是状态值或者其他[never（从不）、avoid（避免）、default（默认）、prefer（优选）、always（总是）]
absTol, relTol, nominal	求解器中状态值的容许量和缩放比例因子
quantity, comment	物理量和注释
discontChange	积分过程中状态值允许发生跳跃，即使是连续的

5.3.2　参数

在对模型构件参数化时，可以使用一些专用控件，后续章节将介绍它们的功能。控件的标注由名称和注释组成。对该构件而言，名称是唯一的。该名称可以在表达式和算法中进行引用。注释依赖于语言，但是名称在 SimulationX 的每个语言版本中却是相同的。这个特点可以实现不同语言版本之间模型的交换，然而注释却以当前版本语言显示。

参数的控制如图 5.29 所示。

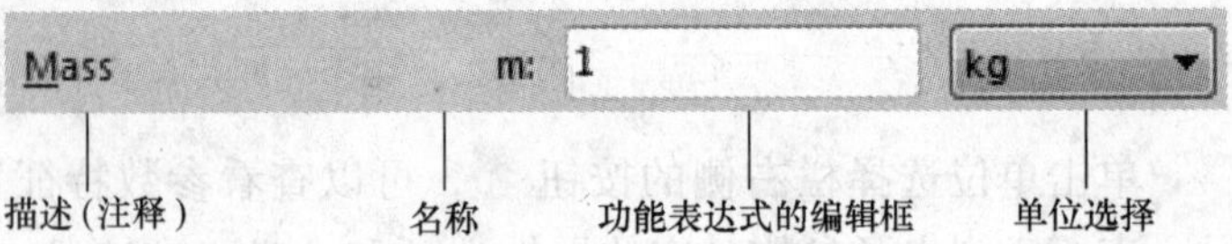

SimulationX 中的参数不仅包含简单数值，还包含功能。功能表达式的编辑框允许输入：

图 5.29　参数的控制

——数学表达式，例如 arcsin(sqrt(2)/2)。

——引用其他参数或变量，例如(pAtm * t) + Valve1.pSet。

——逻辑语句，例如 if(t < 0.2) then 0 else 1。

当输入表达式时，单位选择框不可使用（背景色为灰色）。只要表达式本身不显式地含有期望的单位，表达式的结果总是被当做对应国际单位的一个数值。

如果输入框中是一个简单的数值，则选择其他测量单位时，该数值就会转换为新单位对应的数值。因此，仿真使用的数值不发生改变，如图 5.30 所示。

图 5.30　仿真使用数值不改变

如果选择新单位时，按住 Shift 键不放，则可以阻止上述变换。仿真使用的参数的数值发生了改变，如图 5.31 所示。

图 5.31　仿真使用数值发生改变

1. 物理单位

每个表达式都可以后缀一个特征字符串（包含在单引号内）来表示物理单位。物理单位的定义可以有两种格式：

（1）例如，1′km′：数值大小具有给定的单位 km，在 SimulationX 中将被转化为国际单位 m，即实际为 1′km′ = 1000m。

（2）例如，1′ – > km′：数值大小按照国际单位 m 给定，在 SimulationX 中将被转换为指定的单位 km，即实际为 1′ – > km′ = 0.001。

实际上，可以一起使用上面两种格式。软件的数据库保存了各种单位。当然，也允许其他的表示方法，例如，1′km^2′ = 1′km^2′ = 1′km2′；1′N/m2′ = 1′Nm-2′。英美制单位可以直接输入，例如，6′ft′2′in′ = 1.9812′m′。

2. 常数

pi　2 * arcos(0) = 3.14159265358979…

e　exp(1) = 2.71828182845905…

5.3.3　初始值

如果参数是初始值，该参数控件会有所不同。它包含一个插销，如图 5.32 所示。

如果插销是松弛的（如图 5.32 显示的插销形状），这暗示着求解器从该值开始寻求连续初始值。最终应用的数值可能有所不同。

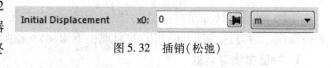

图 5.32　插销（松弛）

如果插销是固定的，如图 5.33 所示的插销形状，则表示该数值将是强制性的，求解时不能修改。

如果没有给定初始值（输入框中是空的），则该值被认为是自由的，由求解器来选择适当数值。

图 5.33　插销（固定）

初始值输入框中仅允许填写常数表达式。

5.3.4　结果变量

根据各自的功能性和复杂性，每个模型元件都会计算许多结果变量。在任意输出时间步长，都会输出模型元件所有被激活的结果变量。

控制结果变量如图 5.34 所示，通过单击相应按钮，可以打开或者关闭结果变量的协议属性。结果变量的协议可以在结果窗口中显示，也可以保存到文件中。选择的测量单位作为显示时的默认单位，这对仿真没有任何影响。

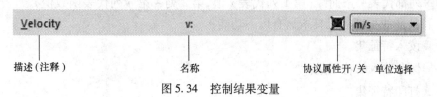

图 5.34　控制结果变量

5.3.5 全局参数

·· 这些参数的定义是全局的，适合任意模型，而且具有标准值。表5.4列出了SimulationX中的所有全局参数。

表 5.4 SimulationX 中的全局参数

参数名称	含 义	默 认 值	参数名称	含 义	默 认 值
gravity	重力加速度（一维）	$9.80665 \mathrm{m/s}^2$	iSim	仿真运算的计数器	0
gravity3D	重力加速度向量（3D）	$\{0.0, 0.0, \mathrm{gravity}\} \mathrm{m/s}^2$	nSim	仿真的名称（变量向导计算中）	Leer
pAtm	大气压	1.01325bar			
TAtm	大气温度	20℃			

▶▶ 5.4 特殊主题

5.4.1 特征曲线和特征图

不同学科领域（如信号源、比例控制阀等）的许多元件的参数输入都可能是特征曲线（集）和特征图。所有这些都遵循相同的原理，下面将对此做出解释。

1. 特征曲线对话框

特征曲线允许通过离散的数据点生成信号。在信号方块曲线中，该曲线可以被生成随仿真时间变化的信号函数或者随给定的输入信号 x 变化的信号函数。在一些模型对象中，大多数都是元件的某一变量的函数。特征曲线提供多种参数化方法，这在后续章节将详细介绍。

单击按钮 Edit，可以打开特征曲线对话框，如图5.35所示。该对话框用于详细描述生成的信号。可以为生成曲线选择不同的插值和近似方法。部分方法可以非连续输出信号，因此，仿真中通常必须处理非连续点（尤其是对仿真模型中曲线元件的求导信号 ydot 的进一步处理）。如果不必须处理非连续性，可以将选择框由 No Handling of Discontinuities 切换为 yes。

（1）特征曲线对话框提供了舒适的方式对下面内容进行修改和编辑：

——采样点（如表格或者图形交互）。

——插值/近似。

——连续类型。

——单位。

如果有不止一条特征曲线（如曲线族、曲线集或者滞后曲线），则特征曲线对话框包含的表格中的每列都代表一条曲线（第1列代表 x 值，第2列~第 n 列代表函数值）。

（2）特征曲线顶部的工具条具有以下功能：

——📂读入特征集。

——💾保存输入的特征集。

——🖨打印特征集。

——➡插入行（在当前行之后）。

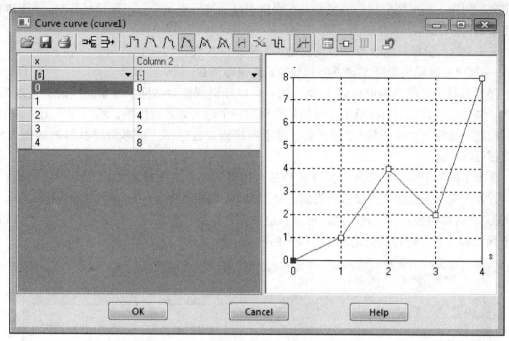

图 5.35 特征曲线对话框

——➔ 删除行(当前行)。

—— 特征集的属性对话框。

—— 恢复特征曲线为标准值。

—— 标记采样点。

—— 显示所有坐标轴(仅适用于曲线集,每一列对应一个坐标轴)。

(3) 特征和曲线集的数据点的输入和/或编辑有以下几种可能性:

——插入/编辑表格中的数据对。

——在图标中双击生成/删除数据点,拖曳鼠标移动数据点。

——从文件中读入特征(支持文件格式:文本文件(*.txt, *.csv)、ITI-SimulationX 格式文件(*.rsf)、IEEE 二进制文件(*.bin)、ITI 二进制文件(*.rfb)、ITI ASCII 格式文件(*.rfu)。

(4) 特征和曲线集可以保存为上述提到的格式,而且能够打印。编辑表格中的特征时,可以使用下列快捷键命令:

——Tab 移动指针到下一单元。

——Shift + Tab 移动指针到上一单元。

——ESC 取消当前编辑程序,关闭曲线对话框。

——Enter 中断当前编辑程序。

——光标 up/down 在列内向上/向下移动指针。

——光标 left/right 在行内向左/向右移动指针。

通过工具条的"插入"和"删除"按钮,可以为表格添加新行或者删除已有行。用鼠标左键单击某行的首列,该行将被方框标记。在表格的最后一列使用 Tab 键移动指针,软件会自动添加新的一列。在预览区域中绘出当前特征曲线,其中表格中的数据点在图中会被标识出来。同样，预览图中标记的数据点在表格中也会被标识出来。用鼠标操作时，可以同时使用下面按键。

——Shift　鼠标只能沿 Y 轴方向移动，X 值保持常数。

——Ctrl　鼠标只能沿 X 轴方向移动，Y 值保持常数。

（5）采样点之间的插值和/或近似方法：可以分别调整对话框中每条曲线的插值或近似方法。调整时，首先用鼠标单击选择独各自列的一个输入或者列标题，然后按下工具条中的各自按钮来选择期望的插值/近似方法。对于曲线族，也存在一种对曲线参数的插值方法，通常都是线性的。

单击工具条中的合适按钮，可以选择各自的模式。为了更好地比较各个方法的不同效果，首先定义一组数据进行插值或近似，见图 5.36 中的数据表。各个模式的作用如下：

① ⌐ 阶梯函数：使用该模式，可从当前数据点到下一数据点，函数值保持常数。如图 5.36 所示即为采用阶梯函数进行插值得到的曲线示例。

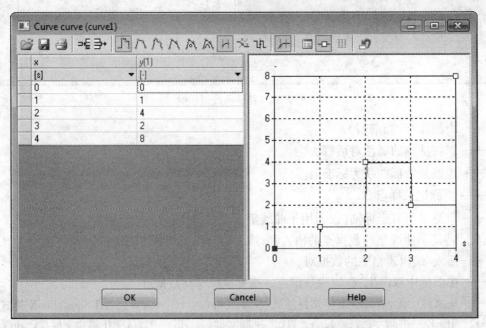

图 5.36　采用阶梯函数进行插值得到的特征曲线

② ∧ 线性插值：使用该模式，可将给定的采样点之间采用直线连接。如图 5.37 所示为采用线性插值方法得到的曲线示例。

③ ∧ 样条插值：使用该模式，可实现采样点之间样条（多项式）连接。插值结果是条光滑曲线。如图 5.38 所示为采用样条插值方法得到的曲线示例。

④ ∧ 双曲线近似：使用该模式，曲线由双曲线近似。如图 5.39 所示为采用双曲线近似方法得到的曲线示例。近似的许可误差由参数选项 Approximation Tolerance 来决定（见窗口内工具条中的特征曲线属性按钮，在该例中该值设定为 1000）。

⑤ ∧ 圆弧近似：使用该模式，曲线由一系列圆弧近似。如图 5.40 所示为采用圆弧近似得到的曲线示例。近似的许可误差由参数选项 Approximation Tolerance 来决定（见窗口内工具条中的特征曲线属性按钮，在该例中该值设定为 1000）。

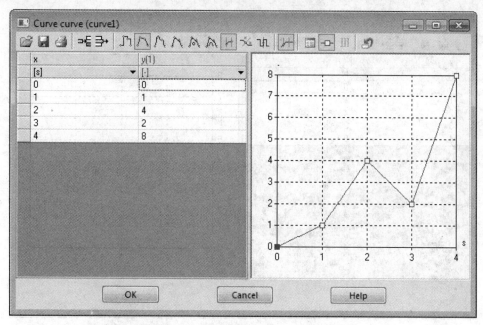

图 5.37 采用线性插值方法得到的特征曲线

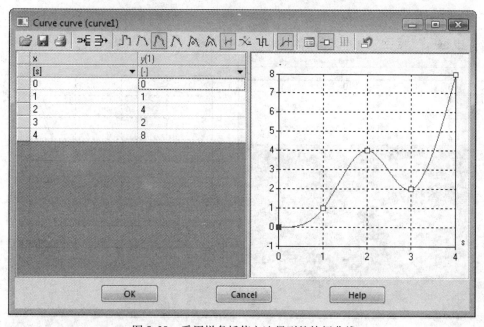

图 5.38 采用样条插值方法得到的特征曲线

⑥ 二次近似：使用该模式，曲线由一系列二次样条近似。图 5.41 所示为采用二次多项式近似方法得到的曲线示例。近似的许可误差由参数选项 Approximation Tolerance 来决定（见窗口内工具条中的特征曲线属性按钮，在该例中该值设定为 1000）。

（6）软件提供了多种指定区间外曲线的延长方法：

① 线性外推：该按钮对"不特殊处理指定区间外的数值"和"镜像"两种描述行为

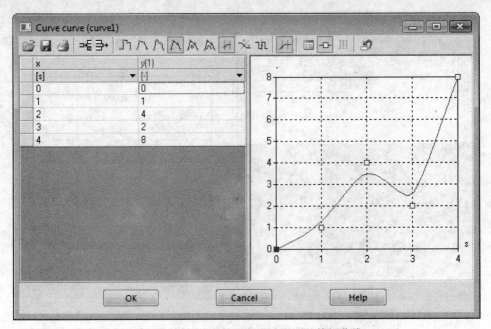

图 5.39　采用双曲线近似方法得到的特征曲线

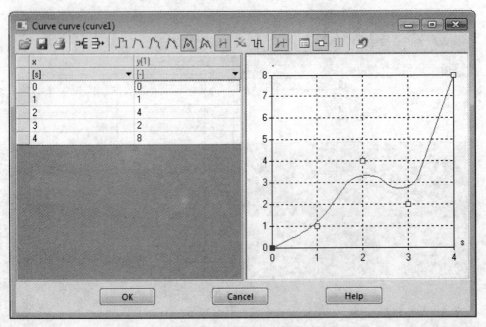

图 5.40　圆弧近似的特征曲线

有影响。如果打开该按钮，曲线在指定区间外沿各自边界点的斜度线性延长。如果关闭线性插值，则若在仿真过程中超出该曲线范围，软件会报告错误信息并停止仿真计算。如果为曲线选择了"周期性延长"，则该设置将不起作用。图 5.42 所示为采用该方法得到的曲线示例。

　　② ⊢ 不特殊处理指定区间外的数值：如果选中按钮"线性外推"，该曲线在指定区间外沿边界点的斜度直线延长。

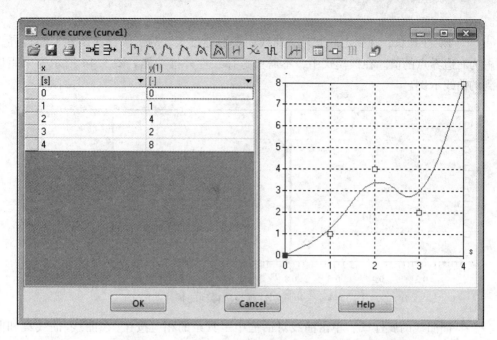

图 5.41　采用二次多项式近似方法得到的特征曲线

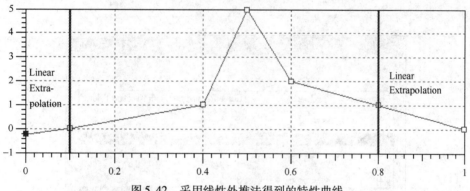

图 5.42　采用线性外推法得到的特性曲线

③ 镜像曲线：曲线在左边界点进行镜像处理。在指定区间外，曲线按照线性外推法进行延长。图 5.43 所示为通过镜像曲线法进行延长的实例，其中线性外推功能处于打开

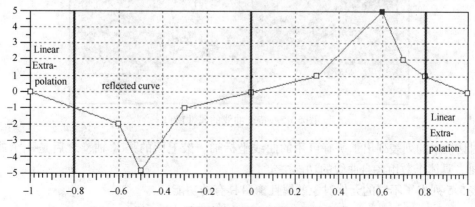

图 5.43　采用镜像曲线法得到的特性曲线

状态。

④ ↗↗周期性延长：在指定区间外，曲线周期性地延长。为了确保连续性，左边界点的值设置为右边界点的值。在该模式中，不需要选择线性外推功能。图 5.44 所示为采用该方法得到的曲线示例。

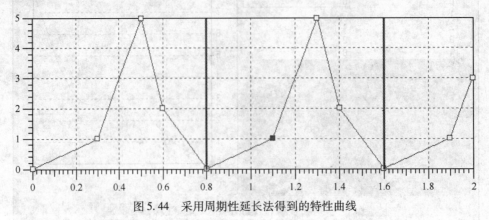

图 5.44　采用周期性延长法得到的特性曲线

（7）特征曲线的属性▦：单击曲线对话框中工具条的相应按钮（在曲线、曲线集和曲线族和滞后曲线等元件中都可以找到该按钮），可打开特征曲线的属性对话框，如图 5.45 所示。

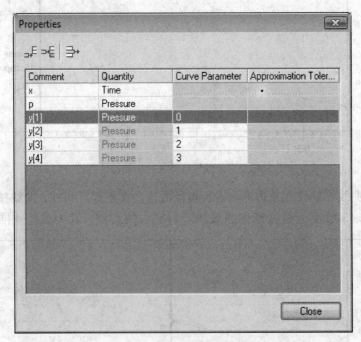

图 5.45　特征曲线的属性窗口

对话框中的列表列出了所有可用的曲线坐标轴。最上面的是 X 轴，之后是一个或者多个 Y 轴，具体个数由各自曲线的功能决定。

表 5.5 列出了不同的元件对象的属性窗口具有的功能。

表 5.5　属性窗口具有的功能

功　　能	曲线	曲线集	曲线族	滞后曲线	描　　述
改变坐标轴的注释	是	是	是	是	双击表格中的单元格即编辑注释。常用的 Windows 编辑功能对此都是实用的。曲线的名称默认为 'y[i]'，其中 i 表示 Y 轴的连续编号(即所有的曲线都属于该曲线元件对象)。默认设置的左侧，Y 轴的编号是根据创建的先后顺序自动编号。
在当前选择曲线的前面插入一条曲线(⊐E)	否	是	是	否	为了在指定行的前面插入一条曲线，需要首先用鼠标单击该行中的任一单元格从而选中该行。然后按下工具条中的按钮⊐E，即会在表格中创建一个新的输入，并命名为 'y[i]'。i 为函数的连续编号。该功能仅适用于曲线集和曲线族。
在表格最后插入一条曲线(⊐F)	否	是	是	否	按下该按钮，即可在曲线列表的最后插入一条新曲线。该新曲线被命名为 'y[i]'，其中 i 是函数的连续编号。该功能仅适用于曲线集和曲线族。
从列表中删除当前选择的曲线(⊒✝)	否	是	是	否	首先用鼠标单击选中对应曲线，然后单击工具条中的按钮⊒✝，则可删除当前选择的曲线。具有默认注释 'y[i]' 的曲线将被重新编号，其中 i 是曲线的连续编号。该功能仅适用于曲线集和曲线族。
选择物理量	是①	是②	是③	是③	在物理量所在列单击一个单元格，即可打开一个选择菜单，从中可以为各个曲线和坐标轴选择合适的物理量。设置物理量之后，可以为表格中输入的数据或者曲线对话框中的图形选择测量单位。注意：对曲线族和滞后曲线而言，所有 Y 轴的物理量只能共同选择。
设置曲线参数	否	否	是	否	曲线参数根据曲线族中选中的具体曲线来定义值。除了曲线自变量 x 之外，该值作为第二个输入。根据给定的值，选择一条曲线。如果发现没有可以匹配的参数，则在相邻曲线之间进行线性插值。
设置近似误差	是④	是④	是④	是④	近似误差提供了近似曲线穿过输入数据点的远近距离的测量标准。值越小，意味着偏差越小；值越大，偏差越大。如果为各个曲线选择近似方法，则可以输入近似误差。新生成的曲线采用列表中第一条曲线的近似设置。

注：表中①表示适合 X 轴和 Y 轴；②表示适合 X 轴和所有 Y 轴；③表示适合 X 轴和 Y 轴共同的曲线参数；④表示适用于选择近似值的情况。

（8）恢复特征曲线到标准值 ↩：使用该按钮可重新设置曲线对话框中的所有内容为默认值。因为它会删除之前所有的数据，所以使用该按钮时要特别小心。

（9）选择物理单位：可以根据特征曲线属性对话框中选择的物理量来指定 X 轴和 Y 轴的单位。选择单位后，对应的数值会自动进行转换。通过单击曲线对话框中数据表各列的单位选择框，可以选择单位，如图 5.46 所示。

为了防止数值自动转换，选择单位时可以按下 Shift 键。选择的单位仅仅定义表格和图表中数值的变换。提供的输入信号必须采用合适的国际单位（如果信号具有测量单位，该方面是自动确定的）。为输出量选中的单位也用在结果显示中。输出信号本身是按照各自的国际单位提供的。

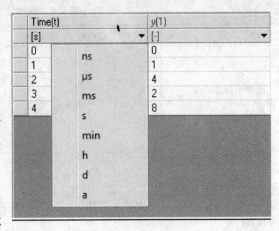

图 5.46　坐标轴的单位选择

2. 特征集

特征集根据提供的输入信号（仿真时间或者输入信号）生成一个输出信号向量，其中每个输入信号都是独立参数化的。参数的输入与前一节描述的相同，具有以下特征：

——运用属性对话框，可以添加或者删除曲线。

——物理维数和单位的选择适用于多条曲线。

——插值和近似适用于多条曲线。

如果有多个特征，特征集对话框提供一个表格（第一列表示 X 值，第 2 至第 n 列表示函数值），其中每列表示一条曲线，可以根据 5.4.1 第 1 部分所述对其进行编辑。

3. 特征曲线族

采用一族特征曲线，通过处理一定范围的曲线 $z = f(x)$ 可以生成图形，具体选择由输入信号 Y 控制。

具体参数化方法与 5.4.1 第 1 部分描述相同，具有以下特征：

——一族曲线总是按照输入信号的函数来进行计算，输入信号提供曲线的选择参数。

——通过属性对话框，可以添加和删除曲线。

——物理尺寸和单位的选择适用于多条曲线。

——插值和近似可适用于多条曲线。各个曲线之间按照 Y 轴进行线性插值。

4. 2D 特征图

借助于 2D 特征图，二维曲线（矩阵）可用于参数化。使用按钮 Edit，可以打开图形对话框，允许详细描述生成的信号。

（1）特征图对话框：图 5.47 所示为特征图对话框的示例。软件提供了便捷的方式，可以对特征图对话框中的以下内容进行调整和编辑：

——采样点（表格或者图形交互式的）。

——插值和/或近似。

——单位。

（2）工具条：特征图对话框顶部的工具条与特征曲线对话框中的工具条在许多方面都有所区别。它具有以下功能：

——📂读入特征图数据。

——💾保存特征图数据。

——🖨打印特征图。

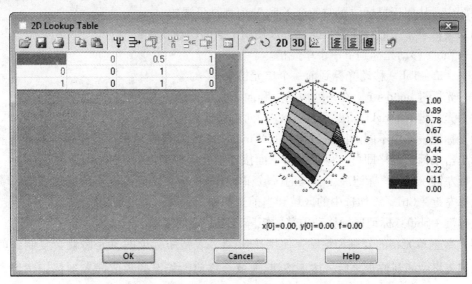

图 5.47　特征图对话框示例

——🖿复制当前选择。

——🖿插入到当前选择。

——Ψ删除当前列。

——⇥删除当前行。

——Ψ插入新列到当前位置。

——ᵌ插入新行到当前位置。

——🖽属性对话框。

——🔍缩放图表。

——↻旋转图表。

——**2D** 2D 图(平面视图,轮廓图)。

——**3D** 3D 图(透视图)。

——📈点图。

——📊等高线。

——📊带状图。

——📊网图。

——🖺恢复所有内容至默认值。

（3）特征图输入、数据导入和导出：输入特征图时，软件提供了输入和/或编辑数据点的几种方式：

——插入/编辑表格中的数据对。

——📂从文件中读入特征图(支持格式:文本格式(*. txt),Excel 文件(*. xls)。

特征图可以保存为上述提到的格式，而且也可以打印。特征图显示为一个图形和一个表格。在表格中，第一行(红色)描述 X 轴的数据点，第一列（绿色）描述 Y 轴的数据点。其他单元格的输入为当前行和列的 X 和 Y 坐标定义的函数值。

在图中，从属于鼠标位置的各个 X 和 Y 值都是可视的。

如果编辑表格中的特征图数据，可以使用下面的键盘命令：

——Tab　移动光标到下一个单元格。

——Shift + Tab　移动光标到前一个单元格。

——光标键 up/down　在一列内向上和向下移动光标。

——光标键 left/right　在一行内向左和向右移动光标。

为了标记表格中不同的区域，常用的 Windows 标记功能在这里都能使用，在此之前只要用鼠标单击来标记表格即可。可以结合下面按键组合实现表格的快速标记：

鼠标左键 + Shift　标记最后选择的区域和鼠标选中区域之间的矩阵范围的表格区域。

鼠标左键 + Ctrl　添加选中的区域到当前选择中。

光标键 + Shift　标记鼠标移动覆盖的矩阵范围的表格区域。

（4）数据单元格的复制和粘贴：使用按钮 ▦，表格中标记的单元格就会复制到剪贴板上。标记表格中的新位置之后，按下按钮 ▦ 就会将剪贴板上的数值插入到标记位置。标记的单元格为剪贴板中数据范围的左上角。

（5）调整表格尺寸：表格的尺寸以及曲线的数据点的个数可以通过使用按钮 ▼（删除当前列）和 ▤（删除当前行）减少。因此，表格当前单元格的行和/或列会被删除。

同理，通过使用按钮 ▼（插入列）和 ▤（插入行），对表格进行拓展也是可行的。新列和/或新行被插入到表格当前标记单元格的左方和/或上方。新的 X 和/或 Y 值的插入准则为：新值精确地位于两相邻数值之间。当在第一行上面插入新行或者第一列的左方插入新列时，数值的插入准则为：标记行/列的数值为新行/列的数值和其他相邻行/列的数值的中间值。

（6）调整图形显示：调整图形时，可使用工具条上的按钮。

——🔍缩放功能：使用该按钮可缩放图形。缩放时，首先按下该按钮，然后用鼠标选择图形的一个矩形区域即可。再次按下该按钮，或者在图形上右击鼠标将取消该缩放操作。所有缩放操作之前，在图形上双击鼠标将重新恢复到原始视图。

——↻旋转图形：使用该按钮可以朝任意方向自由旋转曲线。按下该按钮后，用鼠标左键点击并按住不放，同时移动鼠标，将改变视图角度。再次按下该按钮，或者在图形上右击鼠标，将取消该旋转操作。在所有旋转操作之前，在图形上双击鼠标将重新恢复到原始视图。

——**2D** 2D 图形：按下该按钮将显示曲线的顶视图（轮廓图）。依据选择，可以显示为数据点和/或等高线、带状图和/或网格图。

——**3D** 3D 图形：按下该按钮可显示曲线的透视图。依据选择，可以显示为数据点和/或等高线、带状图和/或网格图。

——▨点图：按下该按钮可将曲线仅显示为表格中给出的数据点，等高线、带状图和网图都无法显示。

——▨等高线：激活/解除该按钮，将显示/隐藏图形的等高线形式。当显示为点图时，该功能将不起作用。

——▨带状图：激活/解除该按钮，将显示/隐藏图形的彩色等高线形式。一个区域（高度范围）对应两个等高线之间的范围。当显示为点图时，该功能将不起作用。

——▣网图：激活/解除该按钮，数据点之间的关系将用/不用网格来表示。当显示为点图时，该功能将不起作用。

（7）2D 的属性：单击图形对话框中工具条上的对应按钮，可打开特征图的属性对话框。它允许设置以下内容：

——注释字符串。

——物理维数。

——单位。

——插值和/或近似（后者具有近似误差），适用于特征图的输入和输出值。

注释字符串：注释定义特征图表的各个坐标轴的标题。例如，它可以包含符号或者简短的描述文本。

物理维数和单位的选择：借助于关联表上的选择菜单，可以赋予输入值和输出值的物理维数。因此，各个值都具有单位，用户可以适宜地对其进行调整。单位影响表格中采样点的数值，同时也影响特征图中图表的数值大小。改变单位一次，表格和图形就会转换一次。为输出曲线选择的物理维数也适用于它的输出信号。需要注意的是，输入信号必须总是国际单位的。任一图形单位的当前选择仅影响表格和图形中数值的表示形式。所有内部计算都是按照国际单位进行的。特征图输出值也是如此。

采样点之间的插值和/或近似：采样点之间进行插值和/或近似时，可用多个不同选项。它们可以独立地为每个输入进行设置。这些选项类似于特征曲线的插值/近似选项，但是具有一些限制（见括弧中）：

——线性插值（所有输入值）。

——阶梯函数（所有输入值）。

——样条插值（仅 X 轴）。

——双曲线近似（仅 X 轴）。

——圆弧近似（仅 X 轴）。

——二次近似（仅 X 轴）。

所有近似都允许设置近似误差，该误差定义近似偏离采样点的许可偏离量。

5. 3D 特征图

借助于 3D 特征图，可实现三维矩阵的参数化。3D 图被指定为 2D 图的集合，每个 2D 图依次由采样点给定。

（1）3D 特征图对话框：图 5.48 所示为一个 3D 特征图对话框示例。软件提供了便捷的方式，可以对特征图对话框中的以下内容进行调整和编辑：

——采样点（表格或者图形交互式的）。

——插值和/或近似。

——单位。

（2）工具条：特征图对话框顶部的工具条提供了所有 2D 图的功能，并具有下面的拓展功能：

——▣删除当前表格。

——▣在当前位置插入一个新表格。

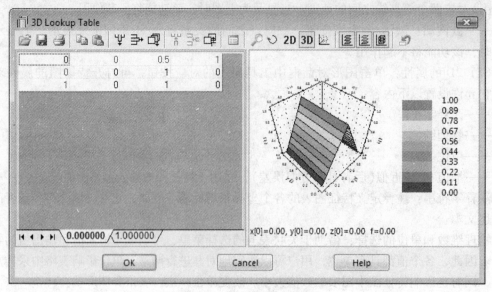

图 5.48　3D 特征图对话框

（3）特征图输入、数据导入和导出：3D 图的功能和操作在本质上等同于 2D 图。除此之外，它允许将不同输入信号 z 的数据赋予不同的表格。这些表格通过底部的标签进行选择。在每个表格的左上方可以看到相应的 z 值。

（4）表格单元的复制与粘贴：该功能与 2D 特征图相同。

（5）改变表格的大小：与 2D 特征图的编辑功能相比，这里新增加了两个按钮。这些按钮会影响图形中 Z 轴方向采样点的数量。按钮用于删除当前显示的表格，以及对应 z 值的所有采样点。按钮用于在当前位置插入一个新表格。插入新表格时，z 值的选择准则与 2D 特征图中插入新行或新列的相同。

（6）调整图形显示：图形的调整（缩放、旋转、2D/3D 视图、样点、轮廓图、带状图和网图）与 2D 图的相同。

（7）3D 图的属性：与 2D 图类似，3D 的属性对话框允许定义注释、物理维数和单位，以及输出计算量的插值和/或近似。

5.4.2　3D 视图

通过菜单 Window/New 3D View，可以打开模型的 3D 视图。在这里，模型是由多体动力学库中的元件创建的。在 3D 视图中，可以图形交互式地装配 3D 模型。根据仿真过程中的计算结果，3D 模型可以实现动画。

1. 具有 3D 元件的模型

在这里，通过实例 Pendulum1.ism 解释 3D 模型的创建方法。创建模型时，从多体动力学库中选择一个"revoluteJoint"、一个"cuboid"和一个"sphere"，并将其按照图 5.49 所示连接起来。

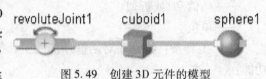

图 5.49　创建 3D 元件的模型

然后，输入参数，如表 5.6 所示。

表 5.6　3D 元件模型的参数

元件名称	属性	变量名称	变量符号	数　值	单　位
revoluteJoint1	Visualization 可视化	Radius	rd	40	mm
		Length along Axis of Rotation	lz	100	mm
	Position 位置	Reference Frame		Predecessor Frame	
		Axis of Rotation	axis	Y-Axis	—
cuboid1	Inertia and Geometry 转动惯量和几何尺寸	Mass	m	1	kg
		Length in x Direction	lx	50	mm
		Length in y Direction	ly	50	mm
		Length in z Direction	lz	1000	mm
	Position 位置	Reference Frame		Predecessor Frame	
		Displacement	x0	{0,0,-0.5}	m
sphere1	Inertia and Geometry 转动惯量和几何尺寸	Mass	m	1	kg
		Radius	rd	100	mm
	Position 位置	Reference Frame		Predecessor Frame	
		Displacement	x0	{0,0,-0.5}	m

改变 3D 视图后，会出现静止的钟摆。为了仿真钟摆的运动，必须指定合适的初始值，例如，设置一个初始偏转量。为此，打开关节元件"revoluteJoint1"的参数对话框，并输入初始相关角 phiRel0，例如"pi/10"。

启动仿真后，会发现动画中的摇摆运动。仿真运行中模型的 3D 视图如图 5.50 所示。

2. 视图

改变模型三维显示的方式时，可以通过工具栏 3D View 中的下列命令按钮来实现。

（1）▤激活前视图，并执行一次"显示全部"操作。该按钮保持反向显示，直到下次透视图改变。

（2）▤激活侧视图，并执行一次"显示全部"操作。该按钮保持反向显示，直到下次透视图改变。

（3）▤激活顶视图，并执行一次"显示全部"操作。该按钮保持反向显

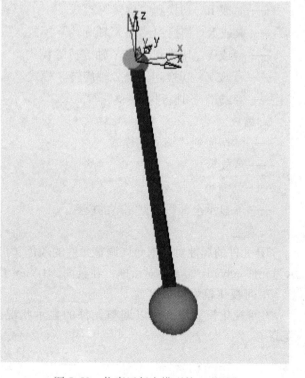

图 5.50　仿真运行中模型的 3D 视图

示，直到下次透视图改变。

（4）▣ 激活 3D 视图。

（5）▣ 仅显示对象的线框图。

（6）◁ 在平行投影和透明投影之间转换。

3. 操作元件

除了通过参数（相对位置）实现定位之外，选中的元件（通过单击选中）可以图形交互式地在 3D 视图中进行操作。

（1）移动对象：移动对象时，用鼠标单击对象并按住鼠标不放，将其移动到新的位置。为了避免偶然的重复布置，激活该功能时有一定的延迟。

（2）旋转对象：用鼠标单击对象，同时按住 Ctrl 键，绕垂至于屏幕方向转动，即可旋转对象。为了避免偶然的重复布置，激活该功能时有一定的延迟。

（3）删除对象：按下 Del 键或按钮 ✕ ，即可删除对象。在上下文菜单的辅助下，也可以删除选中的对象。在 3D 视图和模型浏览器中都可以使用该功能。

（4）剪切、复制和粘贴对象：在剪贴板的辅助下，可以复制选中的对象，使其在几个项目之间相互交换。可以使用下面常用的快捷键：

——Ctrl + X　剪切选中的对象，并将其复制到剪贴板。

——Ctrl + C　复制选中的对象到剪贴板。

——Ctrl + V　插入剪贴板中选中的对象到模型结构中。

这些操作也可以通过上下文菜单中的菜单栏 Edit 来完成。

4. 3D 视图中对象的操作

——✐ 或 R　切换到"旋转"模式。

——✐ 或 X　切换到"绕 X 轴旋转"模式。

——✐ 或 Y　切换到"绕 Y 轴旋转"模式。

——✐ 或 Z　切换到"绕 Z 轴旋转"模式。

——✛ 或 T　切换到"平移"模式。

5. 缩放

——🔍 切换到"缩放"模式。

——🔍 放大。

——🔍 缩小。

——🔍 显示全部，可见完整的模型。

6. 颜色

3D 元件的属性对话框允许调整元件的颜色、可见度和各自坐标系的颜色。如图 5.51 所示为元件 cuboid1 的属性对话框，在页面 3D View 中可以修改颜色。

7. 可视化模式

在可视化模式下，可以调整元件的显示状况。表 5.7 列出了软件提供的 5 种可视化模式。

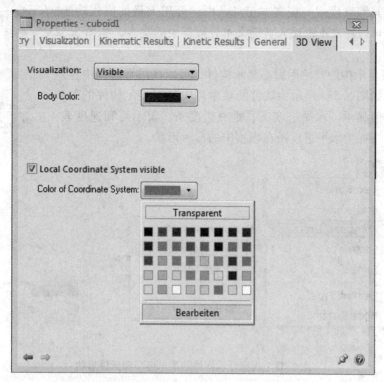

图 5.51　3D 元件的颜色设置

表 5.7　可视化模式

可　视　化	图　　片		可　视　化	图　　片	
可视			线框		
透明			点态		
			不可见		

5.4.3　特殊模型构件

在 ITI SimulationX 中有许多构件，可用于完善已有的仿真模型。通过菜单 Insert 可选择这些构件。它们在模型中显示为方块，可通过鼠标来进行选择、移动和调整尺寸。使用上下文菜单可打开相应的属性对话框。

（1）文本框和图片框：使用文本框和图片框可以用插图说明模型。在文本框上双击鼠标，可以打开其编辑模式。在文本工具条内，可用大量的格式功能。使用剪贴板，可以在文本框插入普通文本处理器中的文本，如图 5.52 所示。

图 5.52　文本框

（2）瞬态显示构件：使用瞬态显示构件，可以在仿真过程中显示结果变量值。如图 5.53a 所示为软件的菜单栏中瞬态显示构件的菜单选项，包含数值显示、水平进度条、垂直进度条、警示灯和速度表；图 5.53b 所示图标为水平进度条在模型中的显示形状。

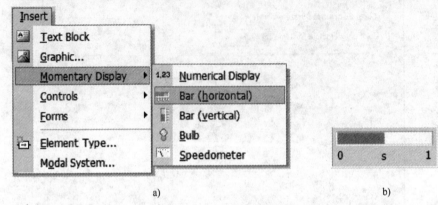

图 5.53　瞬态显示构件的菜单选项和元件形状

当给瞬态显示构件赋值一个结果变量时，通过上下文菜单可打开属性对话框。在属性页 Momentary Display 上，有一个组合区可供用户选择期望的变量。

瞬态显示构件可用于结果的动画显示。

（3）控制器：使用控制器可改变仿真过程中的参数。当给控制器赋值参数时，可通过上下文菜单打开属性对话框。在属性页 Control 有一个组合区，可供用户选择期望的参数。如图 5.54a 所示为软件菜单栏中控制器的菜单选项，包含水平滑条控制器、垂直滑条控制器和开关控制器；图 5.54b 所示为水平滑条控制器在模型中的显示形状。

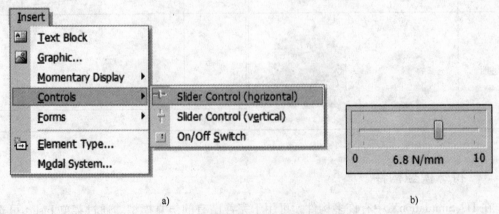

图 5.54　控制器的菜单选项和显示形状

（4）窗体：窗体使得模型视图更有可读性。创建窗体时，所有的图形基本工具都是可用的。通过菜单 Insert/Forms，或者工具条 Drawing，可选择这些图形基本工具。不同的窗体属性也可通过控制条进行调整。

【例】 绘画一个多边形。

① 在控制工具条 Drawing 中单击 Polygon，或者菜单选项 Insert/Forms/Polygon。

② 在模型浏览视图中期望的多边形第一个顶点的位置处用鼠标单击。

③ 单击第二个多边形顶点的期望位置，重复该步骤直至所有的多边形的顶点。通过上下文菜单，可以为多边形添加新的顶点或者删除已有顶点，如图 5.55 所示。

④ 顶点可以通过鼠标继续移动。

【例】 绘画一个椭圆。

① 在控制工具条 Drawing 中单击 Ellipse，或者单击菜单选项 Insert/Forms/Ellipse。

② 在视图窗口中单击鼠标左键，拖曳椭圆到期望大小，新绘出的图形窗体保持为选中状态，如图 5.56 所示。

③ 根据需要可以调整线的厚度、样式和颜色，以及填充颜色和方式。图形工具菜单栏如图 5.57 所示。

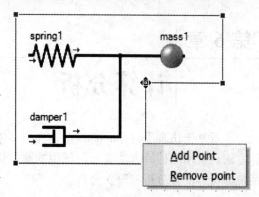

图 5.55 为多边形添加新的顶点或删除已有顶点

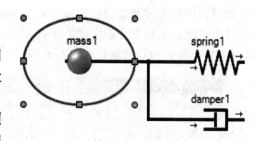

图 5.56 新绘出的椭圆

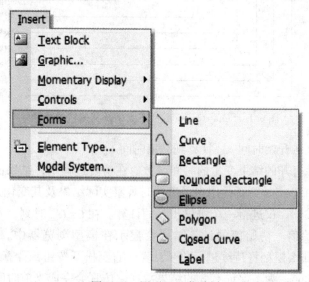

图 5.57 图形工具菜单栏

这里的窗体与 Modelica 语言标准是兼容的。

第 6 章

计算分析

本章基于仿真平台 SimulationX，介绍多学科领域系统动力学建模与仿真技术中的分析计算方法。常用的计算方法有：时域内的瞬态仿真、频域内的稳态仿真、稳态平衡计算、线性系统分析、变量分析和阶次分析。

▶▶ 6.1 时域内的瞬态仿真

时域内的仿真控制是通过单击工具条 Simulation Control 内相应的指令按钮完成的。开始仿真计算之前，要检查分析类型的选择框中是否已设置为 Transient。工具条 Simulation Control 及其每个按钮的功能解释如图 6.1 所示。

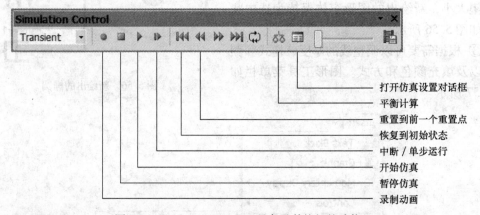

图 6.1 Simulation Control 工具条及其按钮的功能

时域内的仿真是从开始时间 t_{Start} 计算到结束时间 t_{Stop}。

结果是协议属性打开的结果变量的时间函数。在仿真过程中，结果窗口不断地更新。由于结果窗口（绘图窗口）实时更新，用户可以即时观察实际结果及其变化过程。

在单步运行模式下，仅进行一个协议步长的计算。在 $t = t_{Start}$ 时刻，不计算时间步长，但是要计算模型的初始值。初始值的计算结果会显示在模型浏览器中。如果保持按住按钮 Break/Single Step，那么模型将持续进行单步计算，直至松开按钮，计算才会停止。

如果按下按钮 Stop，为了保证有效的结果数据，仿真会完成当前时间步长的计算。如果第二次按下按钮 Stop，仿真计算将立即停止，计算时间将会回到最后一个有效时间步长。

如果完成仿真计算、通过单击 Stop 按钮中断仿真，或者发生错误中断仿真，输出窗口将显示当前仿真时刻和计算时间。

Reset 命令把模型重置到初始状态，即

——将仿真时间重置为 t_{Start}。

——所有的计算结果和变量被删除。

——如果以前的仿真结果已经保存为"初始状态",则模型将会重置到那个状态。在这种情况下,模型的初始值(元件和连接中的)将会不可用,这是因为在开始新的仿真计算时将会忽略这些初始值。

使用菜单选项 Simulation/Settings,或者单击按钮■,可以修改数值算法的参数。此功能适用于设置数值参数(见 General 和 Solver 页面)和仿真过程中事件的显示(见 Tracing 页面)。

仿真模型在后台被转化为一组代数-微分方程。在仿真过程中,由求解器进行求解。

6.1.1 仿真设置

下面简单地解释所有的仿真设置。

使用菜单 Simulation/Settings,打开如图 6.1 所示的对话框 Simulation Control。在该对话框内,可以设置模型计算的所有参数,如仿真时间、步长、精度或求解器。

1. 通用设置

如图 6.2 所示,对话框 Simulation Control 中页面 General 包括以下参数:

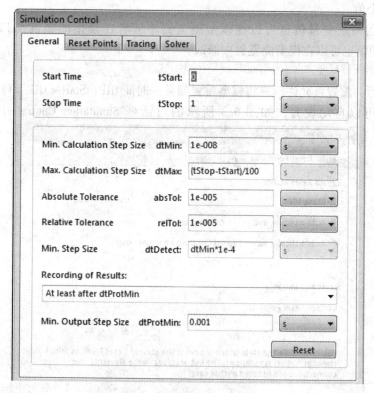

图 6.2　General 页面设置

(1) 仿真间隔由开始时间和终止时间定义。终止时间一定要大于开始时间。

(2) 最小仿真步长 dtMin 是求解器的时间步长的下限值(搜寻不连续时除外)。

(3) 最大仿真步长 dtMax 是求解器的时间步长的上限值,默认为:(tStop − tStart)/100。这个设置保证最少计算 100 个时间步长。最大步长限制是非常重要的,特别是对于没有任何状态变量和事件的模型而言。否则,对于这些模型,其步长会一直增长直至结束时间。

（4）计算精度受绝对误差和相对误差两个参数的影响。根据这些参数，软件计算一个仿真步长中允许出现的最大误差值为

$$relTol \times 状态变量的数量级 + absTol$$

（5）最小输出步长定义变量记录的密度。两个记录值之间的最小距离为最小输出步长。否则的话，事件总是会记录下来。如果期望记录所有的计算点，那么选择的最小输出步长必须小于或等于最小步长。

（6）最小步长 dtDetect 影响事件捕捉的精度。它保证计算事件延后实际事件的时间最长为 dtDetect。

（7）结果记录定义记录结果的时间和事件，可能有以下情形：

——等距离，间隔为 dtProtMin。

——至少在 dtProtMin 之后。

——至少在 dtProtMin 和事件之后。

——至少在 dtProtMin 之后，事件之前或之后皆可。

——至少在 dtProtMin 和 Eventsteps 之后。

——前一个值。

此处介绍的系统变量值也可以在模型浏览器中或者在模型的属性窗口中进行修改。tStart 和 tStop 的值也可以在模型浏览器中修改。

2. 重置点

在仿真之后，重置点允许用户将模型重置到某一时间 tRP（tStart < tRP < t）。重置点可以手动设置，也可以自动设置，如图 6.3 所示的对话框 Simulation Control 中的页面 Reset

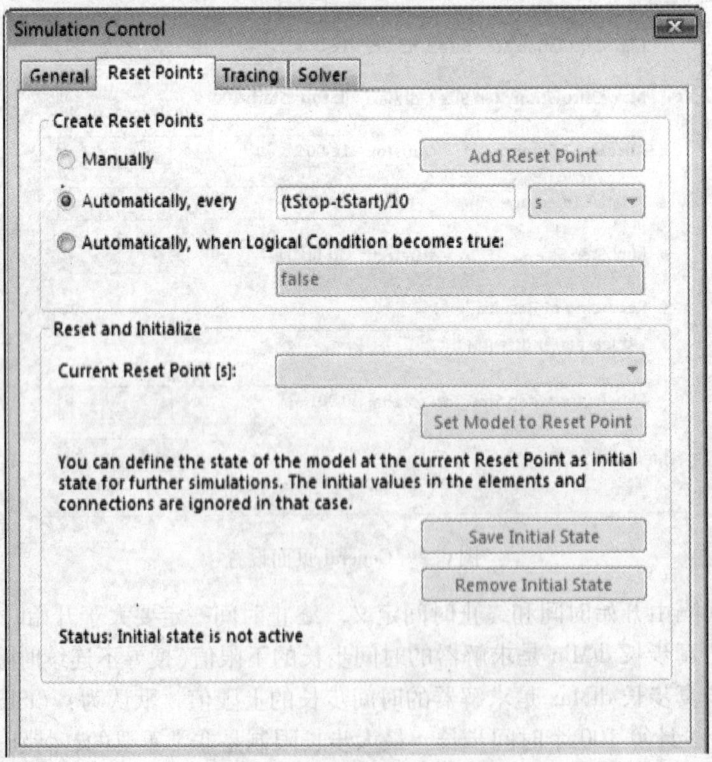

图 6.3　Reset Points 页面（重置点设置）

Points。但是，在运行仿真前，必须创建重置点。为了将模型重置到某一重置点，必须打开 Simulation Control 对话框中的页面 Reset Points。选择期望的重置点，然后单击选择框右侧的按钮 Reset。操作如下：

（1）设置当前的仿真时间 t 为重置点 tRP。

（2）删除结果变量协议中满足 t > tRP 的所有计算结果。

（3）删除所选重置点之后的所有存在的重置点。

（4）将模型重新初始化为所选重置点的状态。

图 6.4 显示了自动生成仿真期间的 10 个重置点。运行仿真一次后，可以使用仿真控制对话框中的页面 Reset Points，将模型恢复到所生成的一个重置点，然后从该重置点开始仿真计算。

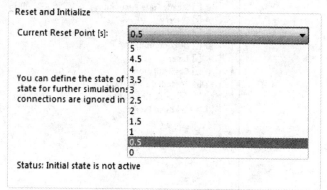

图 6.4　自动生成的重置点

3. 保存模型初始化状态

保存模型初始化状态功能允许用户将模型在当前重置点的状态（或者当前状态，分别地）定义为下一步仿真计算的初始状态。这在某些情况下非常有用，例如，如果将模型的稳态计算（由瞬态或稳态求解器计算）用于进一步的瞬态仿真计算（变量分析、优化运行等）。如果已经定义了这样的初始状态（单击对话框 Simulation Control/页面 Reset Point 中的按钮 Save Initial State），软件将进行以下操作：

（1）参数起始时间 tStart 被设置为当前重置点时刻 tRP，如果模型中某处参考了绝对时间 t，那么计算将会变得不一致。

（2）对话框中的状态行显示"Initial state is active"。

（3）执行重置后，模型自动初始化为已保存的初始状态。

模型的元件和连接中的初始值将不再可用，这是因为在下一次启动仿真时将会忽略这些初始值。

但是，可以删除已经保存的初始状态（单击对话框 Simulation Control/页面 Reset Point 中的按钮 Remove Initial State）。如果这样的话，系统将进行以下操作：

（1）参数起始时间 tStart 被设置为原始值。

（2）对话框中的状态行显示"Initial state is not active"。

（3）执行重置后，模型不再初始化。

现在，再次重新启动仿真，就会使用模型元件和连接中的初始值了。

4. 跟踪

为了保证快速有效地捕捉错误信息，仿真过程中大多数的调试信息都会显示在输出区中。使用树状视图，可以打开或关闭各种跟踪信息，如图 6.5 所示的跟踪对话框可以通过菜单选项 Simulation/Settings 打开并切换到页面 Tracing。

对于求解器，这些信息主要涉及：

——评价（统计完成的算术步长，所需时间等）。

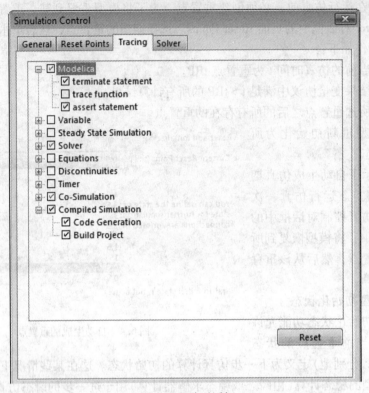

图 6.5　跟踪对话框

——当前行为(记录求解过程)。

——有效和无效步长的信息。

——显示计算的状态变量、导数、Newton 修正矩阵、剩余误差矩阵和雅可比矩阵。

——状态变量的指数。

——具有超出限制趋势的状态变量。

其他的信息跟踪则是指：

——Modelica®(跟踪和终止指令的输出)。

——变量(离散变量,超出范围)。

——时间(时间常数和事件源)。

——计时器(时间依赖事件的来源和数值)。

跟踪的信息以树状结构的形式显示。共有下面几种类型的输出：

——🔢数值。

——ⓘ信息。

——⚠警告。

——❌错误。

当展开树节点后，会获得更多的信息。

仅当模型的 traceOn 参数设置为 true 时，才会显示跟踪信息值。双击模型视图，打开模型属性对话框，在页面 Parameter1 中可以设置该参数。例如，如果限制跟踪在一个时间段内，例如 0.5~0.7s，那么必须在参数项 traceOn 对应的编辑框中输入下面的关系，如图 6.6 所示。

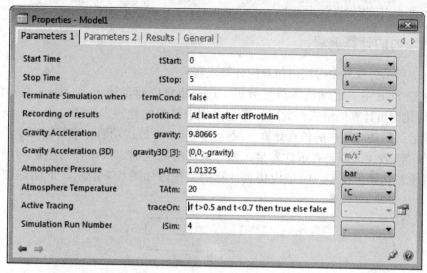

图 6.6　在 traceOn 中编辑关系

　　跟踪设置不会保存在模型中。它们存储在窗体寄存器中，因此适用于所有模型，即使是在重新启动 SimulationX 之后。

5. 求解器设置

　　在页面 Solver 中，可以选用的求解器有：BDF 法、MEBDF 法和 CVODE 法（外置求解器）。其他设置依赖于选择的求解器。

　　单击按钮 [Further Parameters]，可以打开求解器更多的参数。

⚠ **注意**：修改这些参数时，请务必谨慎！如有疑问，请联系 ITI 客户支持。

　　单击按钮 [Settings...]，可以修改全局符号分析的部分参数。该设置包含的内容有：

　　（1）优化常微分方程：如果模型的求解方程组是常微分方程组（ODE），可以使用该设置改进仿真进程。否则，系统会给出警告信息。该设置仅适用于 BDF 求解器和 MEBDF 求解器。

　　（2）无符号微分：符号分析不会为了减少状态量的数目而对一些方程求微分。

　　（3）无符号积分：符号分析不会为了减少状态变量的数目而对一些方程求积分。

　　（4）无指数减少：如果方程组是高阶微分指数的微分代数方程组（DAE），在通常情况下，一些方程要通过符号微分来减少指数。只有当使用 BDF 或 MEBDF 求解器时，才可关闭该功能。该功能会导致较少的最终方程组和较短的仿真时间，但是，在处理中断问题和结果细小偏差问题时也存在困难。

　　（5）雅可比矩阵的数值计算：通常，雅可比矩阵通过符号分析法进行计算。关闭该特性，SimulationX 通过差商数值计算雅可比矩阵。这可降低仿真计算前进行符号分析所需的计算时间。请注意：仿真过程中，数值雅可比计算通常会需要较多的计算时间。这些矩阵的精度通常会低于符号矩阵。

　　（6）获取多维方程：这样会加快包含多维方程的模型的分析。该选项可以在 Simulation Control 对话框中设置（单击菜单 Simulation/Transient settings…，进入页面 Solver，单击 Global

Symbolic Analysis 中的按钮 Settings）。

6.1.2 时域内的计算流程

如图 6.7 所示为软件中时域内仿真的计算流程。

单击按钮 Start 后，启动整体符号分析。这一步将以建模语言 Modelica 表示的 SimulationX 模型转化为可计算的形式。此时，模型采用求解器内置的表示法。然后，确定相容的初始值。最后，启动时域内的仿真计算。每一个时间步计算成功后，求解器都会检查是否有事件(如中断等)发生。如果有事件发生，则尽可能精确地确定该事件发生的时间，停止连续积分，并重新初始化模型。时域内仿真计算的流程图如图 6.7 所示。下面详细介绍这些步骤。

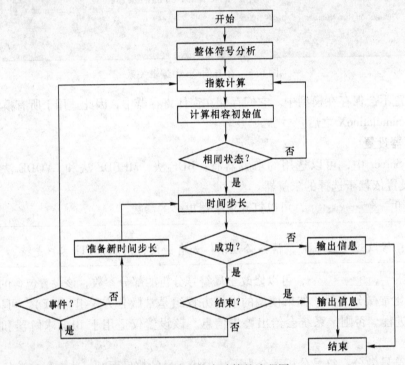

图 6.7　时域内仿真计算的流程图

1. 整体符号分析

在整体符号分析过程中，将模型转化为可计算的表示形式，并做适当简化。分析过程主要执行以下步骤：

（1）将层级模型转化为无层级模型，然后分解组合类型和派生类型。

（2）分解参考量。

（3）使用简单模型替代。

（4）确定循环变量的指数范围。

（5）确定变量维数。

（6）将多维方程转化为一维方程。

（7）分解语句结构。

（8）创建中断函数（零函数或根函数）。

（9）为特殊方程引入变量。

（10）为方程分配变量。

（11）根据变量，重新整理方程。

（12）确定方程的计算阶次。

（13）确定状态和方程。

（14）减少指数。

（15）雅克比矩阵。

根据选择的求解器，模型既可以表示为隐式代数微分方程组，也可表示为常微分方程组：

$$代数微分方程组：0 = f(x, \dot{x}, p, t) \tag{6.1}$$

$$常微分方程组：\dot{x} = f(x, p, t) \tag{6.2}$$

其中，x 表示状态变量，$\dot{x}$ 表示状态变量的导数，p 表示参数，t 表示时间。

在用常微分方程组表示的情况下，模型的隐式部分在评估方程右边（RHS）时由少数的线性或非线性方程组进行求解。

2. 计算相容初始值

在计算开始时，初始值特征化模型状态。可以在连接或/和某些元件（例如，机械学科库中）中定义这些初始值。在 SimulationX 中，初始值是模型特殊参数。它们具有以下属性：

（1）必须是常数。这些数值仅在仿真开始时有用，也可以输入表达式和函数。如果计算时不是常数，将报错。

（2）初始值可选为固定的或自由的。设置时，单击输入框右侧的图标即可。图6.8显示了两个初始值：上面的值是固定的，下面的值是自由的。

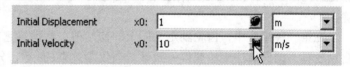

在默认状态时，所有的初始值都设置为固定，数值为0。对于大多数模型而言，这相当

图6.8　一个固定初始值和一个自由初始值

于系统最低的内能状态。通常情况下，用户可以简单地输入初始值并将其固定。对于某些模型类型，这个设置稍微复杂些。下面将对此进行详细介绍。

仿真开始时，如果状态变量和它们的微分方程能够满足代数-微分方程系统的要求，那么所有初始值就是相容的。

常微分方程（ODE）的初始值必须总是相容的。在这种情况下，算法仅计算状态变量的最高阶导数。下面以单质量振动实例进行说明。

质量块的速度和位移都给出初始值，如图6.9所示。加速度的初始值自动计算为：

$$a(t = 0) = -1100 \text{m/s}^2$$

如果代数部分出现在代数-微分方程中，那么情形会稍复杂些。例如：

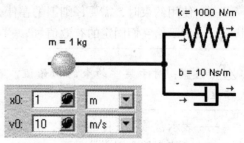

图6.9　带初始值的单质量振荡器模型

——带约束的机械模型(如关节,转换元件)。

——含有并联电容的电路(C-loops)或是含有串联电感的电路(L-nodes)。

——有连接但没有容积元件的液压或气动模型。

这称为微分-代数方程系统(DAE)。这里，
初始值不再自动相容。

建立如图 6.10 所示的带约束的机械模型
实例。转换元件采用一对理想的(刚性)齿轮
模型。现在，可以为两个转动惯量定义角度

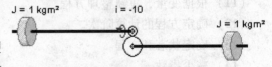

图 6.10　带约束的机械模型(转换元件)

和速度的初始值。但是，不是所有的初始值组合允许求解器创建相容的初始状态。表 6.1 给
出了一些初始值组合。

表 6.1　初始值定义的各种组合

序号	描述	J = 1 kgm²（左侧）	J = 1 kgm²（右侧）
1	不相容，固定	phi0: 0　om0: 10	phi0: 0　om0: 0
2	相容，自由	phi0: 0　om0: 10	phi0: 0　om0: 0
3	相容，固定	phi0: 0　om0: 10	phi0: 0　om0: -100

在第一种组合中，齿轮副定义固定的初始值。然而，它们是不相容的。由于没有可用的
自由变量，因此算法无法获得一致性。当仅为约束的一侧(分支 1)定义初始值时，经常会出
现这种错误的参数化定义。转动惯量 J2 的初始值仍然为默认值，而且必须由用户修改。其
他两种定义方法都可以获得相容的初始值：在第二种组合中，J2. om0 可以由算法确定，因
此不会破坏约束；在第三种情况中，初始值已经是相容的。

下面的内容可以帮助用户处理初始值的问题：

——定义尽量多的初始值并且固定它们。这能确保得到期望的初始状态。

——使用约束时，需要仔细斟酌在什么地方定义初始值。这样的初始值需要设置为自由
状态，或者赋给它们固定的有效值。

⚠ **注意**：对于某些约束的初始值，不能设置为自由状态，但是必须满足约束的相
容性。

——表示常微分方程的模型，应避免自由的初始值。算法会选择任意的相容的初始状
态，但这可能不符合用户的需要。

——提示信息 "Calculation of consistent initial values failed!" 也会指出模型中的错误。

在每次事件(模型重新初始化)发生后，必须创建一个相容状态。上述算法同样适用于这里。但是，状态变量需要设置为固定的还是自由的，这需要从代数-微分方程中推导得到。一般来讲，下面的几种变量要考虑设置为"自由"：

——纯代数状态变量。

——具有一阶导数但模型不使用的状态变量。

——状态变量的最高阶导数。

——存在二阶导数但模型不使用的变量的一阶导数。

固定其他的所有状态变量，直到事件发生。因此，它们不能显示出任何的跳跃。

建模过程中经常出现的一个错误就是，在某些事件中，不具备中断行为的状态变量要求跳跃，也就是说，在重新初始化过程中，有些状态变量的数值被算法认为是固定的。例如，电容器上的电压突变，这种情况只有在电流无穷大时才可能实现。另举一例，刚性变速器的传动比突变，这会导致角度或角速度的突变，而这是不可能的！

3. 时间步长

计算时间步长时，可用多个求解器。可以在 Simulation/Settings 对话框中的页面 Solver 下选择求解器。

4. 事件

事件就是在仿真过程中的一个瞬间时间点发生的：

——状态变量或者它们的导数快速改变(中断)。

——方程结构发生变化。

——中断依赖于时间：

——离散时间信号块。

——表达式 sample( )或 delay( )。

然而，它们也可能受模型状态的影响：

——在用于线性或阶梯插值的特征曲线的取样点处。

——弹簧阻尼间隙元件的接触和间隙的变化。

——条件语句，例如：if x > 10 then 0 else 5。

当结构变化时，其他方程的应用从一个时刻转到其他时刻，或者方程的数量发生变化。关于结构变化，举例如下：

——机械系统中静摩擦和动摩擦之间的转化。

——理想的机械终止端。

——理想电路开关的打开或关闭。

时间依赖事件在 SimulationX 内部进入事件队列。求解器的步长控制确保计算一到达这些时刻，就自动从这个时间点开始处理事件。

状态依赖中断是通过所谓的零函数探测到的。在事件时刻，它们会改变代数符号。当一次符号改变即将发生时，将会自动选择步长大小以便尽量精确地捕捉事件。如果符号改变发生在一个时间步长内时，系统会改变步长反复计算，尝试准确地捕捉事件。当系统以最小步长 dtDetect 捕捉到事件后，则停止连续积分，开始事件迭代。因此，可以使用 dtDetect 来设置捕捉事件的精度。该数值不能大于最小步长值。最小步长应该是 dtDetect 的整数倍。

积分过程中，基本关系值保持常数，也就是说，尽管基本关系可能将改变，事件迭代前的短时间内保持使用旧数值。但在事件时刻，停止积分，开始事件迭代。在迭代过程中，模型计算时间保持为常数。

迭代过程中，应调整关系值以适应实际情形，而且在同一时刻计算出新的相容初始条件。因此，中断发生时，可以同时得到变量中的两个值，一个在迭代前，另一个在迭代后。

对于事件迭代，离散变量起到重要作用。仅在事件时刻，它们才可以改变自身数值。如果一个离散变量由于新的相容状态改变了自身数值，将会出现反复迭代。仅当每个离散变量都保持自身数值不变时，时间迭代才会停止，积分才会继续。对于某些模型，还有可能会发生其离散变量在事件迭代过程不停地变化的情况。多数情况下，这表示出现建模错误。然后仿真停止运行，并给出错误信息 "Cycle found in the event iteration"。

运行管理函数 noEvent 可以用来防止某些过程触发不必要的事件。

【例】　$y := noEvent(if\ u > uMax\ then\ uMax\ else\ if\ u < uMin\ then\ uMin\ else\ u)$；

if 语句中的表达式直接用来计算数值，而不会将关系值保持为常数，也不会产生事件。

可以使用这个保护函数域：

$$y := if\ noEvent(x >= 0)\ then\ sqrt(x)\ else\ 0;$$

如果去掉 noEvent，将会产生一个错误。这是因为，事件迭代前的短时间内，x 已经为负数，但是 $x >= 0$ 仍然为真。

应该谨慎运行管理函数 noEvent，因为它可能会屏蔽一些精确计算所需要的事件。在下面情况下，推荐使用 noEvent：

——事件对任何状态变量都没有影响。当模型各部分仅用于评估时，常会是这种情况。连续积分会继续在这个瞬间时刻进行计算，而且不会出现任何问题。但是，必须预期到这个关系发生错误，因为它不能保证精确地捕捉到转变时刻。

——拦截超出操作和函数范围的数值（例如：分母为零、tan、arcsin…）。

——结果只是很小程度地改变函数斜率（例如，e-函数的线性延长）。

——使用一个关系得到连续运行一个状态变量最高阶导数。

这里，采用如图 6.11 所示的实例解释最后一点。$\sin^2$ 函数部分经常作为定位过程的名义函数。

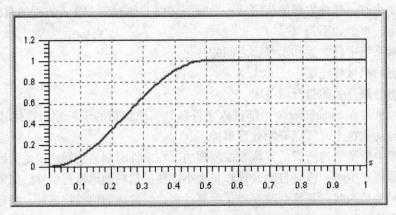

图 6.11　$\sin^2$ 函数部分作为定位过程的名义函数

获得该信号，可以使用下面表达式：

$$if\ t < =0.5\ then\ sin(pi * t)^2\ else\ 1$$

虽然根本不存在中断，但是对于该关系，软件会自动在 0.5s 生成一个事件。如果采用 noEvent 函数，如下：

$$if\ noEvent(t < =0.5)then\ sin(pi * t)^2\ else\ 1$$

这样就会抑制该中断事件的发生，因此能够加快计算，而且没有降低精度。noEvent 属性对其函数内部的所有关系都有影响。When 语句中的所有内容都是隐式处理的，就好像它们包含在 noEvent 函数中。这不是规定，因为 when 语句主体在正常积分过程中不会被评价。

6.1.3　可选用的求解器

SimulationX 提供了三种用于瞬态仿真的求解器：

——BDF 法(Backward Differential Formulas)，由 DASSL 拓展而来。

——MEBDF 法(修正 BDF)，由 Jeff Cash 开发。

——固定步长求解器(外部求解器)。

——CVODE 法(外部求解器)，出自 SUNDIALS(见:www. llnl. gov/casc/sundials)。

在 Simulation/Settings 对话框中的 General 页面，选择求解器。

为了加快计算速度，外部求解器使用模型算法的汇编表达。SimulationX 支持微软开发工具(版本 6 和更高版本，也包含免费的 Express 版本)的 C 编译器。必须在安装 SimulationX 的计算机上安装其中的一个编译器，也能够在 Simulation/Settings 对话框中的 General 页面中选择该编译器。

1. BDF and MEBDF 求解器

两个求解器都非常适合以下模型：

——非刚性或刚性模型(系统在较宽范围内存在特征频率和/或时间常数)。

——含有中断的模型。

——MEBDF 求解器是为求解高指数模型特别设计的，如闭环的 MBS 模型。这类模型的结果更加精确，仿真速度通常也会更快些。

求解器使用模型的 SimulationX 内部表达方式按照式(6.1)进行 RHS 计算，不进行模型算法的编译。因此，计算的准备较快，但是 RHS 计算比使用外部求解器要稍慢些。

两种算法都是控制步长和阶次(k)的预测-修正方法。使用这种多步隐式方法，当前值由为每个状态变量已经计算出的(k+1)次数值外推得到(预测)。然后，该数值反复迭代进行修正，直至达到期望的精度并满足收敛要求(纠正)，如图 6.12 所示。

如果接受了纠正值，就处理下一个时间步。最后，从迭代曲线中计算出新的步长和/或阶次。如果迭代一定次数后还得不到满足精度要求的纠正值，那么减小步长和/或阶次，重新进行该时间步的计算。

最大阶次可以在对话框 Simulation Control/Solver 中修改。它表示计算中可能包含了多少个已经计算完的点。在仿真过程中，系统自动控制阶次。当最大阶次选择为 1 时，算法相当于隐式欧拉法。

> ⚠️ **注意**：当采用最小步长仍无法收敛时，软件会给出提示。这时，应首先要尝试减小最小步长。只有在这种方法不起作用的情况下，才可以放宽误差范围。

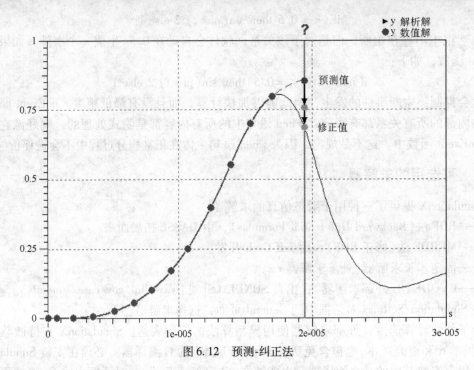

图6.12 预测-纠正法

仅在模型具有很强的非线性，导致默认设置下的方法计算缓慢或者无法求解的情况下，才需要减小最大阶次。自动控制通常保证计算中总是使用最佳阶次。

每次纠正迭代中，必须求解下面的线性方程组：

$$res = J \cdot (x_{i-1} - x_i) \tag{6.3}$$

式中，res 为剩余误差；x 为状态变量；i 为迭代次数；J 为雅可比矩阵。

为此，可以使用以下方法：

——稀疏矩阵求解器。

——高斯方法。

——比例高斯方法。

通过对话框 Simulation/Settings 中的 Solver 页面选择一种方法。默认条件下选择稀疏矩阵求解法。该求解器的优势是需要求解的方程系统中仅存在局部依赖性。例如，在动力传动系统中，借助于其他状态变量，使得发动机的状态变量仅直接依赖于车轮的状态变量。这使得雅可比矩阵中产生很多为零的项，而这些零项在求解过程中是不需要考虑的。与高斯求解方法相比，该方法的计算速度就快多了。

对于具有很强耦合性而找不到稀疏雅可比矩阵的情况，推荐采用高斯求解方法，但是这种情况很少见。

具有很强时间常数差异或状态变量数量级变化较大的模型会表现出约束性很强的雅可比矩阵。上面提到的求解方法将不再适合精确求解。这会导致修正步中收敛性很差（很多修正迭代，很小的步长）或者仿真失败。比例高斯方法可改善约束条件的数目，因此能够达到不错的求解效果。

每个模型都包含由求解器写出的求解器调试信息变量 solverInfo。BDF 或 MEBDF 求解器将下面的 9 项内容写入该向量：

——阶次 k。

——执行的预测-修正迭代的次数。

——最后一次成功的计算步和当前计算步之间，丢弃的步数（由于事件导致无效或丢弃的）。

——最后一次成功的计算步和当前计算步之间，误差估计太大的步数。

——最后一次成功的计算步和当前计算步之间，由于不收敛而丢弃的步数。

——推荐的步长变化。

——累计 RHS 计算的数目（非事件迭代过程中）除以 1e6，作为时间消耗的近似值。

——事件发生步的标志，在事件结束时置为 1，下一个时间步复位。

——存储雅可比计算的数目。

单击对话框 Simulation/Settings 中 Solver 页面的 [Further Parameters] 按钮，可以访问更多的求解器参数。

> ⚠️ **注意**：进行修改时，请务必谨慎！如果有什么疑问，请联系 ITI 技术支持。

2. 固定步长求解器（外部求解器）

该求解器与 SimulationX 集成在一起，主要是用于测试模型的实时性能。它包括五种不同的显式常微分方程（ODE）的求解方法。该求解器同样也适用于代码输出，用于实时仿真（ProSys-RT，Scale-RT，dSPACE，NI VeriStand）。对那些输出到实时仿真平台的模型，SimulationX 可以为其找到稳定计算必需的步长。

在对话框 Simulation/Settings 中 General 一栏中，只有一个变量会对结果产生影响，即最小计算步长 dtMin。在仿真过程中，该值保持不变。

因此，该求解器无法准确地检测到事件的发生。当使用较大的步长时，可能会产生不准确的结果。一个积分步长内，在完成最后一个 RHS 计算后，会检查一次离散变量的符号是否改变。然后，进行可能的事件迭代。

按下对话框 Simulation/Settings 中 Solver 一栏中的按钮 ，可以选择不同阶次的不同显式计算方法。每种方法在每个积分步长内需要的 RHS 计算（FE）的次数不同：Euler Forward（1FE）、ITI Standard Solver（1FE）、Heun's Method（2FE）、RKF23（3FE）和 DOPRI5（6FE）。

假设步长是固定的，在每个积分步长内，计算时间都会随着 RHS 计算次数的增加而增加，但是精度和稳定性会更好些，稳定域如图 6.13 所示。由于测试结果无法总是显示出这一点，因此，建议首先选用 Euler-Forward 法以及 dtMin = 1. E-005 进行计算，然后尝试不同的方法，将步长控制在 1. E-003 和 1. E-006 范围内，直到得到满意的结果。

按下按钮 [Further Parameters]，激活其中的优化选项 bOptimization，可能会提高计算速度。

3. CVODE（外部求解器）

该求解器适用于以下模型：

——刚性或非刚性模型（系统在较宽范围内存在特征频率和/或时间常数）。

——没有太多中断的模型。

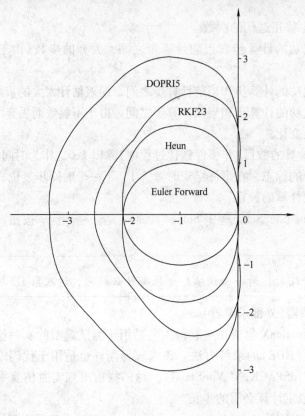

图 6.13　稳定域（ITI Standard Solver 除外，它的稳定域在 Euler-Forward 的内部）

——由于编译的模型算法不同，与（ME）BDF 求解器相比，大模型的求解速度更快。

由于进行了编译处理，计算的准备时间比（ME）BDF 求解器要长。因此，对于具有固定结构和可变参数的模型，推荐使用外部求解器，如变量计算。

对于外部求解器，同样要考虑 C-code 输出的限制。（请参考 SimulationX 版本的最新发布信息。）

该求解器是程序包 SUNDIALS（SUite of Nonlinear and Differential/Algebraic equation Solvers）的其中一个，详细情况请登录网站 www. llnl. gov/casc/sundials/，请注意原始代码的授权信息：

Copyright（c）2002，The Regents of theUniversity of California.

Produced at the Lawrence Livermore National Laboratory.

Written by：

S. D. Cohen, A. C. Hindmarsh, R. Serban, D. Shumaker, and A. G. Taylor.

UCRL-CODE-155951　　　　（CVODE）

UCRL-CODE-155950　　　　（CVODES）

UCRL-CODE-155952　　　　（IDA）

UCRL-CODE-155953　　　　（KINSOL）

ITI 对其做了细微的修改，并已集成到 SimulationX 软件中。

CVODE[⊖]是一种用于显式微分方程(ODE)的求解器。该求解器使用 BDF 或 Adams 原理进行积分。单击对话框 Simulation /Settings/Solver 页面中的 Further Parameters 按钮，可以选择一种求解方法。用 Adams 方法处理非刚性模型更有效。

激活优化选项(bOptimization)，有可能会增加计算速度。然后，编译器将使用编译器选项/O2。注意，这可能导致很长的编译时间。可以在对话框 Further parameters 中关闭使用零函数以获得事件发生的精确位置。有时，这会带来较高的仿真速度，但是同时会损失一些计算精度。在这种情况中，状态事件定位延迟。

在默认条件下，CVODE 的最小步长没有下限。在 CVODE 求解器中找到 Further Parameters 中的参数 bLimitdtMin，打开该限制。

6.1.4 性能分析器

SimulationX 3.1 中新开发了性能分析器，如图 6.14 所示。该性能分析器通过菜单 Simulation/Performance Analyzer 打开，可以用于检测 SimulationX 中状态量对步长控制的影响。该功能可识别出对步长限制影响最大的状态量。求解器整理出来的统计数据可以在整个仿真时间内显示和记录。其结果可以图形显示。

6.1.5 结果的动画显示

在运行动画过程中，可以在 3D 视图中检查模型的运动顺序。在图 6.15 所示的 y(t) 或 y(x) 图表形式的结果窗口，可以看见一个十字叉线，跟随结果曲线的进程。

模型的动画可以使用如图 6.16 所示的命令来进行控制和调整。

在图 6.17 所示的结果窗口中，柱形高度会随着相应的结果变量的数值动态地变化。

⊖ CVODE 内部算法的详细信息请参考文献[5]。

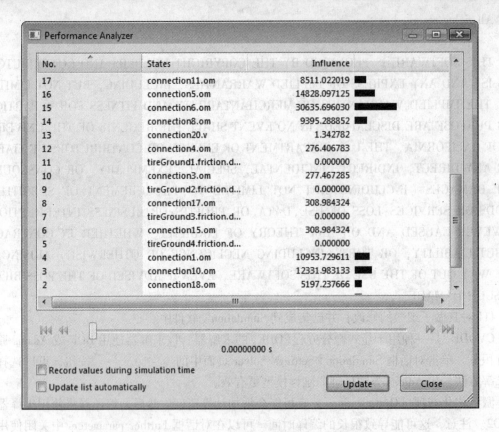

图 6.14　性能分析器图表

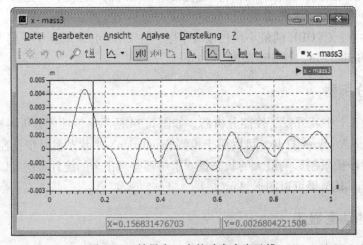

图 6.15　结果窗口中的动态十字叉线

在模型视图中，除了瞬态显示工具外，具有动态显示属性的元件符号和窗口可以辅助显示仿真结果。图 6.18 显示了能够动态显示仿真结果的 Modelica 图。

元件之间的连接也可以根据结果变量的具体数值动态地显示为不同的颜色。因此，不打开结果窗口也可以观察连接的结果变量，如仿真过程中的温度。图 6.19 中连接 connection5 的颜色与其他连接的颜色不同，说明具有不同的温度。

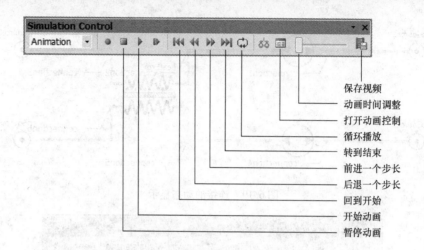

图 6.16　模型动画的使用命令项

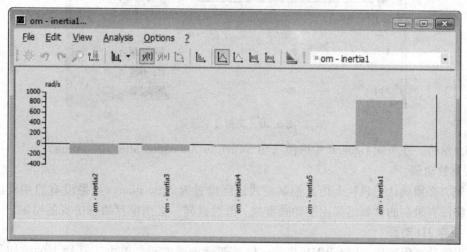

图 6.17　结果窗口中的动态柱形图

　　打开连接的属性对话框，切换到页面 Visualisierung，从中可以选择需要动画显示的结果变量，如图 6.20 所示。根据指定的上下限范围，结果变量可以动态地表示为各种颜色。下面是为某一变量值赋予颜色的两种模式：

　　（1）颜色在最小值和最大值之间梯度变化。

　　（2）离散的颜色，分别用于允许的区域和不允许的区域。

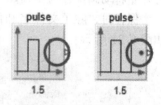

图 6.18　动态显示仿真结果的 Modelica 图

　　3D 视图的动画可以保存为视频文件。这些视频文件可以由外部播放器重复播放，如 Windows Media Player 等。同时，也可以提供给第三方使用，可以包含在报告中或者网站上。

1. 录制动画

　　为了按照实际时间动态演示结果，有必要记录仿真的瞬态结果。为此，必须在仿真运行前，单击工具栏 Simulation Control 上的录制按钮 ● 。计算结束时，即在 tStop 时刻，分析模式的编辑框自动设置为 Animation。如果不想使用该设置，可以使用菜单 Extras 打开对话框

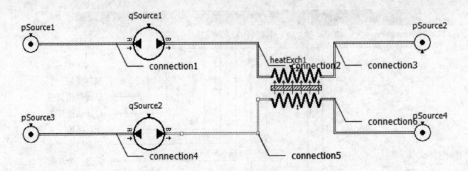

图 6.19　连接的动态显示

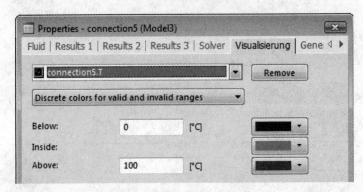

图 6.20　动画显示设置

Options。然后，在页面 General 中取消选项 Switch to Animation after Recording。

2. 重放动画

　　首先，必须确认工具栏上仿真控制模式已经设置为 Animation。如果没有启用动画控制按钮，将没有录制的计算结果用于动画重放。既然这样，必须保存瞬态仿真的结果。

3. 保存 3D 动画

　　可以将动画保存成 AVI、WMV 格式，供外部播放器演示。单击工具栏上的按钮，即可开始将动画保存为视频。

　　保存时，除了文件名和保存路径外，还可以进一步设置 AVI 的格式标准和动画标准，如图 6.21 所示。

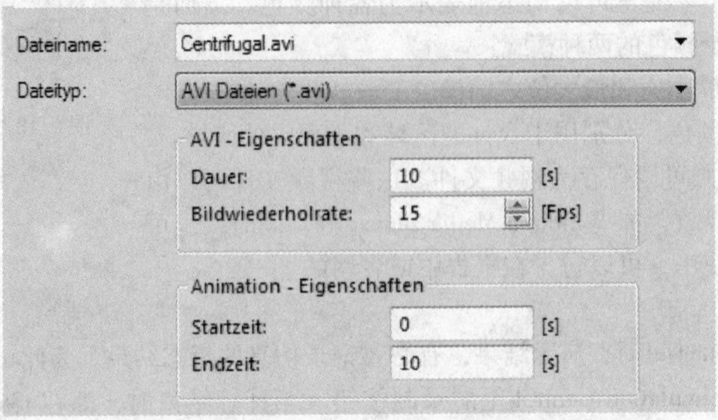

图 6.21　设置 AVI 的格式标准和动画标准

还可以选择视频压缩格式(用户计算机存在的)以节省存储空间，如图 6.22 所示。

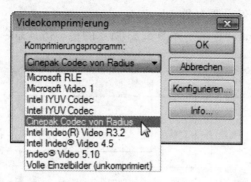

图 6.22 选择视频压缩格式

▶▶6.2 频域内的稳态仿真

频域稳态仿真用于计算参考某个物理量的线性和非线性系统的周期性振动状态量，例如，参考一个转动质量块的平均角速度。

周期性稳态仿真主要的应用领域有：

（1）包含内燃机动力传动系统的振动分析。

（2）控制系统中非线性动态模块的描述函数的计算。

（3）依赖于激励振幅的电子放大器和滤波器的谐波失真计算。

（4）液压和气动振动试验台架的耐久性分析。

为了考虑自由转动动力传动系统的振动分析中旋转角度随时间不断的增长，将通过周期性求解来补充时域分析的不足。

计算结果可以显示下面的频域量：振幅、波动系数、激励、相位、实部和虚部。

对于上面每种情况，都可以显示它们的总和曲线、平均值曲线和谐波分量（阶次）。此外，对于假设的周期部分，一个周期的信号波形和波动都可以用作典型的时域结果。

目前，稳态仿真可以考虑频域的内部动作描述，特别是对于那些没有时域表达的效果。这就实现了弹簧-阻尼-间隙模型中的频率依赖阻尼模型，而不是至今一直使用的里德阻尼模型。

软件中的下列元件添加了频率依赖阻尼特性：

（1）弹性摩擦——ElasticFriction（Mechanics. Rotation 库）。

（2）耦合器——Coupling（PowerTransmission. Couplings 库）。

（3）盘式离合器——DiscClutch（PowerTransmission. Couplings 库）。

（4）齿轮副——Gear（PowerTransmission. Transmission 库）。

（5）带传动——BeltDrive（PowerTransmission. Transmission 库）。

目前，上述的每个元件都有一个单独的参数页用于稳态仿真，其中可以选择阻尼模型，并将光谱功率作为结果变量记录下来（光谱能量的实部为功率损失）。

频域内也可以执行常量延迟时间，对于输入连续时间信号的稳态仿真会获得正确的结果。

运行稳态仿真时，用户可以使用 Simulation Control 工具栏中的按钮。启动仿真之前，请确认仿真类型多选框内已经设置为 Steady State。

工具条 Simulation Control 提供了如图 6.23 所示的稳态仿真命令。

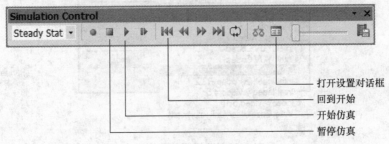

图 6.23　稳态仿真命令

6.2.1　稳态仿真基础

1. 系统的周期性稳态仿真

动态系统，例如动力传动系统，可以使用下面方程进行描述：

$$0 = f(x(t), \dot{x}(t)) \tag{6.4}$$

$$y = g(x(t), \dot{x}(t)) \tag{6.5}$$

前者为微分-代数方程系统（DAE），其中 $x(t)$ 表示状态变量的时间依赖向量，$\dot{x}(t)$ 为其导数。使用上述两个方程，即可计算用户选择的结果量 $y(t)$。在一个有效模型中，状态变量的数目 n 与式（6.4）的数目相匹配。因此，对于有效的模型，$x(t)$ 和 f 具有相同的构成数目。

例如，在大部分的动力传动系统应用中，状态变量的向量 x 由旋转质量块的角度和角速度组成。式（6.4）描述牛顿运动定律，其中角速度描述为旋转质量块转角的时间导数。

在稳态仿真过程中，可以计算系统的解 $x(t)$，该解能表示为：

$$x(t) = x_P \frac{t}{T} + \hat{x}[0] + \tilde{x}(t) \tag{6.6}$$

其中，$x_P \dfrac{t}{T}$ 是（线性）运动分量；$\hat{x}[0]$ 为常值分量；$\tilde{x}(t)$ 为周期分量。因此，周期性运动可由有限的谐波分量总和近似。

$$\tilde{x}(t) \approx \sum_{k=1}^{N} \hat{x}_R[k] \cos(\omega k t) - \hat{x}_I[k] \sin(\omega k t) \tag{6.7}$$

式中，下标 R 和 I 分别为下面等效表达式（6.8）中的振幅 $\hat{\underline{x}}[k] = \hat{x}_R[k] + j\,\hat{x}_I[k]$ 的实部和虚部。

$$\tilde{x}(t) = \sum_{k=1}^{N} \mathrm{Re}(\hat{\underline{x}}[k] \exp(j\omega k t)) \tag{6.8}$$

上述方程中变量的定义如下：

　　x_P——定常周期向量，具有状态变量的维数；

　　T——振动周期；

　　ω——振动的相位速度，$\omega = \dfrac{2\pi}{T}$；

$\hat{\pmb{x}}[k]$——第 k 个谐波分量的复数振幅；

$\hat{\pmb{x}}[0]$——常数信号分量，下面也表示平均值（$\hat{\pmb{x}}[0]$ 称为"平均值"，即使 $\pmb{x}_P \neq \pmb{0}$）；

$\hat{\pmb{x}}_R[k]$，$\hat{\pmb{x}}_I[k]$——分别为状态向量的第 k 次谐波的复数振幅的实部和虚部；

N——$\tilde{\pmb{x}}(t)$ 的谐波分量的数目。

同样的，结果量 y 可以分解为平均值 $\hat{\pmb{y}}[0]$ 和复数频谱分量 $\hat{\pmb{y}}[k]$（$k = 1, \cdots, N$），然后再转化为不同的表达方式。

2. 周期向量、周期变量和周期计算

周期向量 x_P 的含义可以借助一个带内燃机动力传动系统的周期稳态来进行说明。

发动机产生的角度依赖于转矩，该转矩会使整个动力传动系统产生振动。通常研究非零平均转速的发动机的振动。因此，在一个振动周期内，动力传动系统内旋转质量块的转角会随着平均角速度与振动周期的乘积而增长。

这种运动在假设中通过周期向量 x_P 来进行考虑。对应于旋转质量块的角坐标的周期向量分量等于一个振动周期的转角。例如，如果两个旋转质量块由一个齿轮副连接，这些质量块的角坐标的周期向量分量比等于齿轮副的传动比。具有完全周期性振动波形的状态变量的周期向量分量等于零。举例来说，如果是动力传动系统，这应用于旋转质量块的角速度。

设置稳态仿真时，用户需要选择一个状态变量作为周期变量，并且要为此变量输入周期向量分量。一般来讲，这不是难事。例如，对于动力传动系统，激励波形在曲轴转动两圈时重复一次。因此，可以选择曲轴转角作为周期变量和两圈（也就是 4π）作为周期向量的数值。

在稳态仿真的开始，其他周期向量分量的数值由单独称为周期计算的步骤来确定。

（1）用于周期计算的准静态方法要求，约束以状态方程的形式表示而不是时间微分方程。对于动力传动系统，这表示传动约束必须表示为角度和位置的方程而不是速度的方程。

（2）模型的方程应该是连续的。尤其是应用于下面的几点：

——周期变量等于零或者用户给定的周期。

——所有的速度值等于零。

3. 谐波平衡、参数分析、参考量和补偿参数

在周期计算之后，接下来是稳态仿真的平均计算：计算式（6.6）和式（6.7）假设中的平均值 $\hat{\pmb{x}}[0]$、谐波分量 $\hat{\pmb{x}}[1], \cdots, \hat{\pmb{x}}[N]$ 和相位速度 ω，以便式（6.4）所示的方程系统至少满足方程右侧的平均值 $\hat{\pmb{f}}[0]$ 和前 N 个谐波分量 $\hat{\pmb{f}}[1], \cdots, \hat{\pmb{f}}[N]$。这种算法称为谐波平衡。

在 SimulationX 中，谐波平衡算法用于进行参数分析。也就是说，周期性稳定状态的确定依赖于参考量 x_{Ref}。该参考量被扫描穿过用户定义的数值范围。用户可以选择任意的参数或者状态变量作为参考量。如果选择的是状态变量，扫描的是变量的平均值。

由于相位速度 ω 未知，谐波平衡系统的未知数要比方程个数多一个。因此，为了唯一地确定周期性稳态解，周期变量的平均值一般要设置为 0。

除此之外，根据用户选择参数作为参考量还是用变量作为参考量，系统方程有两种不同的情况：

情况 1：用户选择参数作为参考量

如果用户选择一个参数作为参考量，微分-代数方程（6.4）仅是参数系统：

$$0 = \pmb{f}(\pmb{x}, \dot{\pmb{x}}, x_{Ref}) \tag{6.9}$$

其中，对于每个参数值 x_{Ref}，方程数等于变量数。

情况 2：用变量作为参考量

用户也可选择状态变量的平均值 $\hat{x}_r[0]$ 作为参考量 x_{Ref}。例如，在自由转动的动力传动系统中，经常会选择一个旋转质量块的平均转速作为参考量。

在这种情况下，关系式 $\hat{x}_r[0] = x_{\text{Ref}}$ 可以解释为谐波平衡的附加方程。为了保证方程数目等于未知量的数目，必须设置一个系统参数为一个自由的变量，该参数称为补偿参数 x_{Comp}。那么，修正的微分代数系统(6.4)为：

$$0 = f(x, \dot{x}, x_{\text{Comp}}), \quad \hat{x}_r[0] = x_{\text{Ref}} \tag{6.10}$$

补偿变量的角色可以借助于下面的例子进行解释：一个没有负载的动力系统在节气门全开的发动机驱动下会不停地加速，因此无法获得周期性的稳定状态(转速为常数)。

只有用负载转矩补偿发动机转矩时，发动机平均转速才会保持在可参考的水平，见图 6.24。因此，在动力传动系统应用时，一个很好的办法就是，添加一个转矩源(Load Torque)元件作为负载转矩，并选择转矩参数作为参考参数。

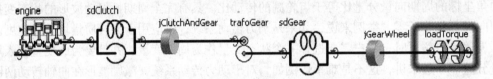

图 6.24　使用一个附加元件(LoadTorque)补偿发动机平均转矩的动力传动系统

6.2.2　稳态仿真的属性对话框

运行 SimulationX 模型的首次稳态仿真之前，必须设置一些系统参数。参数值输入框可以在稳态仿真属性对话框中的 System 页面找到。可以在图 6.25 显示的菜单 Simulation 中单击选项 Steady State Settings 打开该对话框。

在遗漏或错误设置了某些参数的情况下，如果用户试图启动稳态仿真，属性对话框也会在错误信息之后打开。

1. 对话框页面 System 和 Method

在稳态仿真的属性对话框中，可以通过对话框上边界的制表符 System Method 在 System 和 Method 两个页面之间切换：

2. 启动稳态仿真

在设置所有必要的仿真参数之后，就可以启动周期性稳态仿真了。

首先，从菜单中选择仿真模式 Simulation/Mode/Steady

图 6.25　Simulation 菜单

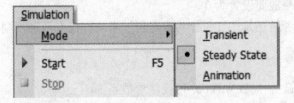

图 6.26　选择仿真模式

图 6.27　从工具条上选择仿真模式

State，如图 6.26 所示。然后单击启动按钮 ▶ 或者 F5 键。

也可以从工具条上的多选框里选择仿真模式，如图 6.27 所示。

6.2.3 属性对话框中的 System 页面

为了进行稳态仿真，必须设置属性对话框 System 页面中的下列参数：

（1）参考量 Reference Quantity（参数或变量）。

（2）周期变量 Period Variable 和周期 Period。

（3）阶次 Orders。

（4）补偿参数 Compensation Parameter。

1. 选择参考量

周期性稳态仿真处理为参数分析。这能够使用户方便地研究依赖于用户定义的参考量的系统周期解。因此，参考量应在用户定义的范围之内。

在 system 页面 Setting Reference Quantity 的树型结构视图中选择参考量，如图 6.28 所示。

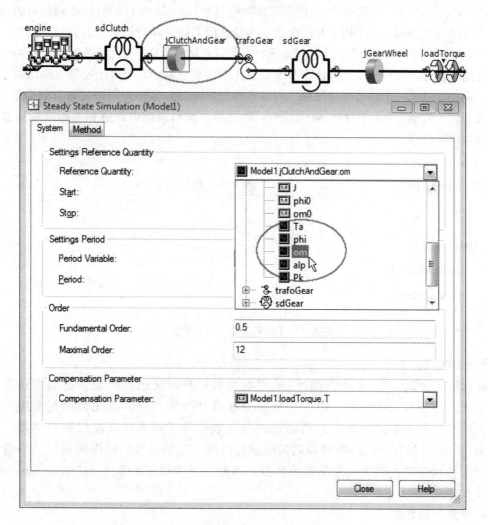

图 6.28 选择参考量

它可以是一个系统变量，也可以是一个系统参数。

在输入栏 Start 和 Stop 中，用户可确定间隔范围，在稳态仿真过程中参考量在此范围内变化。Start 和 Stop 的数值没有限制。Stop 可以大于、等于或小于 Start。如果两个设置输入相同的数值，那么仅为该参数值执行稳态仿真。

如图 6.28 所示例子中用圆圈标记的部分，单击鼠标选择旋转质量块的角速度 jClutchAndGear。

在图 6.28 所示的实例中，如果选择一个变量作为参考量，则在稳态仿真过程中，变量的平均值从 Start 向 Stop 扫描。采用变量作为参考量，也要求用户选择一个补偿参数。为了调整参考量的平均值，谐波平衡修改补偿参数的值以适应用户定义范围内合适的数值。

如果选择一个参数作为参考量，则不需要设置补偿参数，补偿参数的输入栏也会变为不可用。

2. 选择周期变量和周期

状态的波形由一个周期信号(可能具有常数偏移量)和一个线性的时间依赖信号组成。通过整个时间-线性分量，一个周期开始时的一些变量值不同于周期结束时的数值。例如，对于一个具有单缸 4 冲程发动机的动力传动系统，发动机曲轴转角在一个激励周期内改变 4π。

在周期设置输入栏中，选择一个状态变量作为周期变量。对于这个变量，必须确定周期长度。例如，对于一个动力传动系统，可以选择万向轴的角度作为周期变量，如果是一个 4 冲程发动机，则输入 4π 作为周期，如图 6.29 所示。振动周期由该值和参考变量通过稳态仿真自动计算得到。

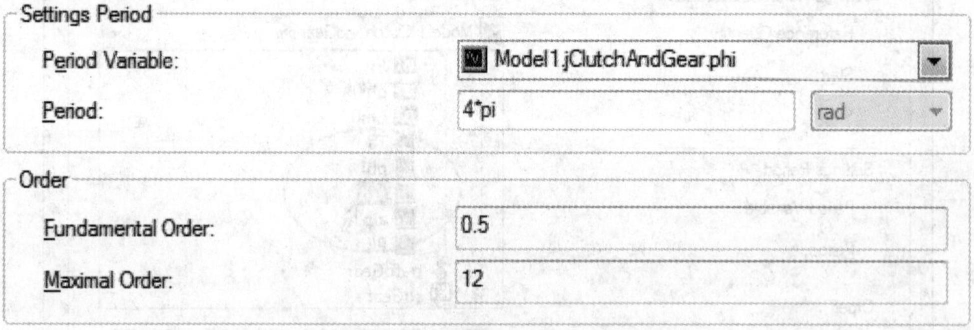

Settings Period		
Period Variable:	Model1.jClutchAndGear.phi	▼
Period:	4*pi	rad ▼

Order	
Fundamental Order:	0.5
Maximal Order:	12

图 6.29　4 冲程发动机周期的设置

3. 设置阶次

最低阶次谐波分量(平均值除外)的周期是由用户定义的周期变量的周期长度决定的。该谐波分量分配给基阶，第二个分量分配给基阶的二倍，依此类推直至用户定义的最高阶次。用于谐波平衡求解器的谐波分量数目等于最高阶次除以基阶的商。在稳态计算中，4 冲程发动机的振动周期为曲轴转两圈。但是通常的操作则是将第一阶振动阶次分配给以曲轴一转为周期的谐波分量。因此，基阶指定为 0.5，这也是 SimulationX 的默认设置。

4. 设置补偿参数

如果选择一个变量作为参考量，那么还需要从相应的参数树型结构视图中选择一个补偿参数。补偿参数应该直接或间接影响参考值的平均值，这样谐波平衡算法就能够通过调整补偿参数来调整参考量的均值。如图 6.28 所示的动力传动系统例子中，选择转矩值 Model1. loadTorque. T 作为补偿参数。

6.2.4 属性对话框中的 Method 页面

在稳态仿真属性对话框中的 Method 页面内，可以设置重要的算法相关参数，用于周期计算和谐波平衡计算。该页面的默认设置可以满足很多应用场合。因此，一般很少需要修改这些参数。

1. 相对值

具有较高阶次谐波分量的共振幅值往往会远远小于较低阶次，但是它们反而经常是系统稳态分析的兴趣所在。在与较低阶次的分辨率相同的情况下，为了能够保证跟踪到较高阶次的共振峰值，这里仅采用相对值来确定误差允许和求解曲线上点的密度。也就是说，对于数值误差和步长的计算，所有的最大值和最小值之差大于超过 1 的分量都要事先乘以比例因子 $1/($ maximum-minimum$)$。如果 Start 值和 Stop 值不重合，参考量的比例因子为 $1/|$ Stop $-$ Start $|$，用于步长控制。

2. 步长参数

在计算结果曲线时，应用了曲线跟踪算法。该算法能够很好地跟踪共振点，同时也能计算带拐点的非线性频率响应。因而，用于跟踪结果曲线的相对步长不严格沿着参考量的方向，而是在参考量和所有状态变量的谐波分量构成的空间中沿着结果曲线的切线方向，见图 6.30。这对于跟踪带拐点的结果曲线是必须的。这是因为，非线性系统的频率响应也许存在拐点，见图 6.31，在拐点处曲线的切向垂直于参考量的方向。在这些点处，沿参考量方向的步长大小为零。

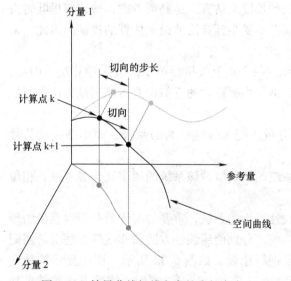

图 6.30 结果曲线切线方向的步长大小

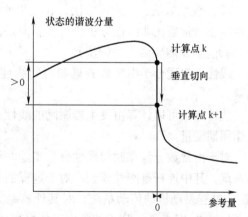

图 6.31 存在拐点的非线性系统的频率响应

曲线跟踪算法的相对步长限制值主要决定了结果曲线的求解。默认的相对最小和最大步长分别为 0.01 和 0.1，应该在很多应用中是最优值。最小步长选得太小可能会导致停止跟踪曲线，甚至是在跟踪方向出现反转。最大步长值选得太大可能会导致跳过结果曲线上的共振点。

步长也受结果曲线的曲率和牛顿算法的收敛性两个方面的控制。这方面控制可以通过对话框 Extented Parameters 中的选项进行调整。

3. 相对误差

相对误差定义了谐波计算的精度。因而，为状态变量的比例谐波分量估计了一个数值误差。需要注意下面几点：

（1）因为精确解未知，所以数值误差也无法精确确定。这里使用当前牛顿步长大小用来度量剩余误差。

（2）除了相对误差控制的牛顿迭代剩余误差之外，傅里叶转换的取样误差也对谐波结果的整体误差有所贡献。只有加密采样点，才可以降低该部分误差。

（3）对于线性方法，相对误差没有任何意义，这是因为采用这种方法仅执行一个牛顿步，与数值误差是否达到相对误差没有关系。

4. 采样密度

在谐波平衡计算过程中，必须在时域内计算非线性函数。为了平衡频域剩余误差，使用快速傅里叶转换（FFT）法将函数值转换为频域形式。采样密度决定了使用时域内用于该离散傅里叶转换的采样点的个数。如果 N 表示谐波平衡的谐波分量的数目，那么至少需要设置 $2N$ 个采样点。在内部算法中，采样点的数目被扩大到指数为 2，因为这种情况下 FFT 最有效。

5. 方法

在多选框 Method 中，可以选择下面任一算法用于谐波平衡计算。

（1）非线性方法（Newton, GMRES, Jacobi-Precond）：使用该方法，系统方程求解使用谐波牛顿算法。为了得到比用户给定的还小的误差值，牛顿迭代次数应该和相对近似误差的求解次数相同。因此，近似误差由当前牛顿步长的长度来估算。还必须考虑，快速傅里叶转换的采样误差也是整体误差的一部分，这部分误差不受牛顿算法的误差估算的控制。因此，采样密度必须设置的足够大以保证采样误差很小。

（2）线性方法：使用该方法，在结果曲线的每个点上仅执行单步谐波牛顿算法。因此，线性方法通常要比非线性方法快得多。但是，谐波牛顿算法的近似误差不能用该方法进行控制（为此，至少需要两个牛顿步）。

线性方法适合于由常数分量和时间线性分量支配非线性行为的系统，而不是振动信号分量。

线性方法可以计算由发生器激励的线性系统的精确解，该系统的频率选作参考量，相位选作周期变量。

对于由常数分量和时间线性分量支配非线性行为的系统，重要的实例就是带内燃机的传动系统，其中连杆是刚性模型。对于这样的系统，分别使用线性方法和非线性方法求解匹配6 缸 4 冲程发动机的传动系统，对其计算结果进行比较，如图 6.32 所示。图中显示的是变量 jClutchAndGear. om 列出的阶次下的振幅值。可以看出，对于该实例，线性方法的结果和非线性方法的结果是比较一致的。一般来说，对于使用刚性连杆和线性动力传动系统的传动系应用案例，线性方法的计算精度足够了。

对于具有很强非线性特性的系统，线性方法的求解结果可能是错误的。举例来说，

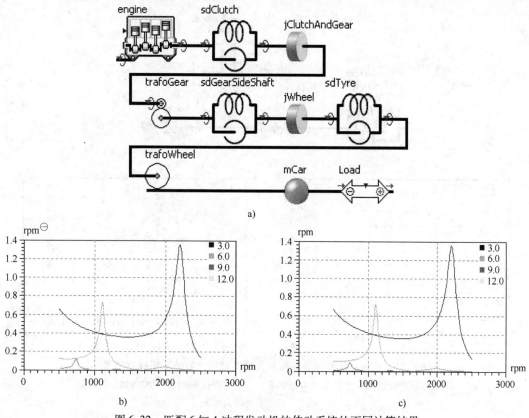

图 6.32   匹配 6 缸 4 冲程发动机的传动系统的不同计算结果

a）模型   b）线性方法的求解结果   c）非线性方法的求解结果

图 6.33 所示的弹簧质量振动器就具有非线性弹簧特性。分别采用线性方法和非线性方法进行计算，显然，采用非线性方法的结果是正确的。

6.2.5   稳态仿真的结果窗口

显示周期性稳态仿真的结果的步骤如下：

（1）激活目标结果变量的协议属性。

（2）打开结果窗口。

（3）选择谐波分量表达方式（频域结果），或者选择相对于周期变量的信号表达方式（时域结果）。

1. 激活结果变量的协议属性

在仿真之前，激活期望显示稳态结果的变量的协议属性，如图 6.34 所示，这里激活的是元件 jClutchAndGear 的角度 phi 和转速 om 两个结果变量的协议属性。其他步骤和瞬态仿真结果的显示步骤一样。在对应的模型元件的属性对话框 Properties 的 Results 页面内，单击期望的结果变量的协议属性图表（■→■）。

○ 按国际单位制，转速的单位应表示为 r/min。SimulationX 建模仿真系统中将转速单位显示为 rpm，为方便读者理解，本书将所有转速单位均统一表示为 rpm，与图对应。

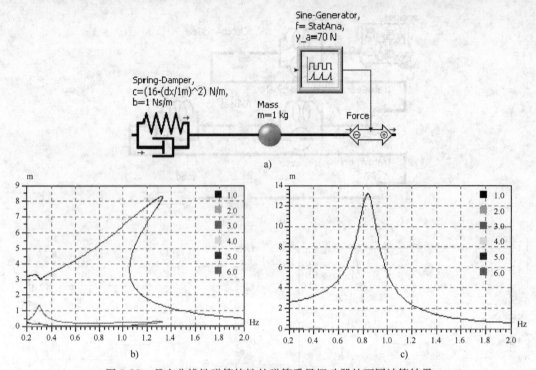

图 6.33　具有非线性弹簧特性的弹簧质量振动器的不同计算结果
a）模型（弹簧的刚度 c 为位移差 dx 的函数）　b）非线性方法得到的贴近实际的结果
c）线性方法得到的错误结果

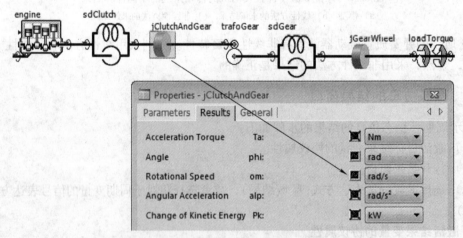

图 6.34　在模型元件的属性对话框中激活变量的协议属性

2. 打开结果窗口

为了显示已经激活协议属性图标的结果变量，可以从对应模型元件的上下文菜单的选项 Results（Steady State）中选择变量。

在图 6.35 所示的选项中打开周期性稳态仿真的结果窗口如图 6.36 所示。

通过结果窗口右下角的制表符 Spectra 和 Signal，可以在下面两种表示方式之间进行切换：

（1）相对于参考量的谐波表示形式，如旋转质量块的平均角速度。

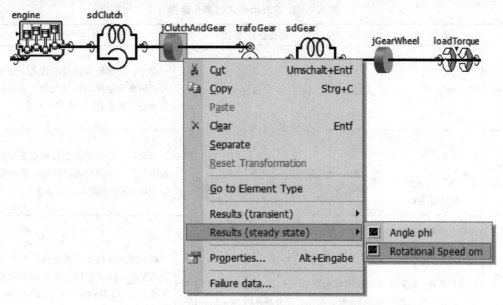

图 6.35　选择显示周期性稳态仿真结果的选项

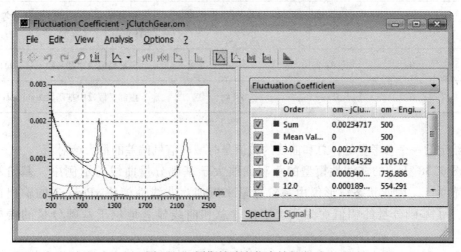

图 6.36　周期性稳态仿真结果窗口

（2）相对于周期变量的时域波形表示形式，如旋转质量块的角速度相对于角度的波动率。

当打开稳态仿真结果窗口时，默认地显示制表符 Spectra 中的内容。对于这些结果窗口，无法执行冻结和拖曳操作。

3. 谐波表示形式

在谐波表示形式中，显示的是谐波分量、平均值和总和曲线。

在图 6.37 所示的谐波表现形式的多选框里，提供了从谐波平衡结果中推导的几种结果可能，具体含义见表 6.2。

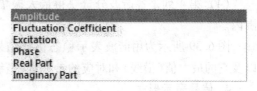

图 6.37　谐波表示形式的多选框

表 6.2　谐波表示形式的多个选择

	总　　和	均　值	谐波分量（阶次）	备注/示例
振幅	$\max\limits_{t\in[0,T]}\left\lvert\tilde{y}(t)\right\rvert$	$\hat{y}[0]$	$\hat{y}[k]=\sqrt{\hat{y}_{R}^{2}[k]+\hat{y}_{I}^{2}[k]}$	对于一个旋转质量块的转角，显示的是其偏离等速转动的最大量。请同时注意表格下面关于总和曲线的文字
波动系数	$\dfrac{\tilde{y}_{\max}-\tilde{y}_{\min}}{\hat{y}[0]}$；当 $\hat{y}[0]=0$，该值设为 0。	0	$\dfrac{2\hat{y}[k]}{\hat{y}[0]}$；当 $\hat{y}[0]=0$，该值设为 0。	波动系数常用于测量旋转质量块的角速度与其平均值的偏离情况。它是旋转质量块角速度的默认表示方法
激励	对于结果 y 的激励的计算，仅使用下面假设：$$x(t)\approx x_{P}\frac{t}{T}+\hat{x}[0]$$ 这意味着，计算中无偏移周期振动信号 $\tilde{x}(t)$ 设置为 0。对于激励，结果 y 为状态量的线性函数，激励频率分量 $\hat{y}[k]$（$k=1,\cdots,N$）等于零且不显示。			对直接连接在无质量刚性曲轴上的旋转质量块，经常使用加速转矩的激励作为动力传动工程阶次分析的激励转矩
相位	0	0	$\arctan(\hat{y}_{I}[k],\hat{y}_{R}[k])$	相位是相对于周期变量的零相位而言的
实部	0	$\hat{y}[0]$	$\hat{y}_{R}[k]$	实部是假设中基函数 $\cos(\omega kt)$ 的系数
虚部	0	0	$\hat{y}_{I}[k]$	虚部是假设中基函数 $-\sin(\omega kt)$ 的系数

在给定的一个参考量处，总和曲线的数值是时域内信号偏差的最大绝对值。

在图 6.38 所示的非线性模型的总和曲线大于基础分量曲线的示例中，基阶和最高阶都设置为 1，因此状态波形仅由基阶分量来近似。非线性模块 xPower3 的输出由于最大值超过了基础分量的幅值而失真。因此，总和曲线显著地位于基础分量的振幅曲线的上面。

Spectra 面板上列出的是总和曲线、平均值和谐波分量。面板中各列的意义如下：

（1）第 1 列的复选框用于打开和关闭每个信号分量（总和、平均值、阶次）。

（2）第 2 列是阶次。它们是在稳态属性页的系统对话框中设置的基阶的整数倍。

（3）第 3 列是各个谐波分量相对于参考量的最大振幅。

（4）第 4 列是各谐波分量获得最大振幅值时对应的参考值，该值必须在用户指定的范围内。

图 6.39 所示为用谐波表示稳态仿真结果的面板示例。图中显示了 6 阶谐波分量曲线，以及它的最大值（横线）和对应的参考量（竖线）。

4. 信号表示形式

切换到 Signal 视图模式后，用信号表示稳态仿真结果的结果窗口显示如图 6.40 所示。在这种情况下，结果窗口中绘出的是周期变量一个周期内的结果曲线。

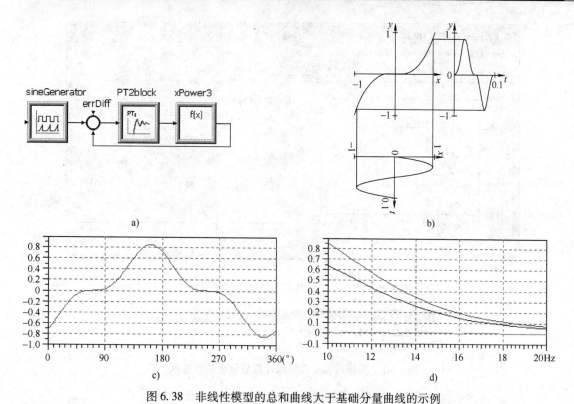

图 6.38　非线性模型的总和曲线大于基础分量曲线的示例

a）模型　b）由于非线性模块 xPower3 及其输出信号 y 引起的正弦信号 x 失真　c）在 100Hz 激励频率下 xPower3
的输出 y 的波形　d）总和曲线（红色）大于基础分量（蓝色）的幅值

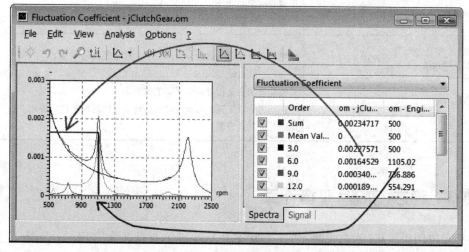

图 6.39　用谐波表示稳态仿真结果的面板

　　从结果窗口右上角的多选框里，可以选择根据谐波平衡结果计算显示量的不同方式，如图 6.41 所示。每种谐波平衡结果显示方式代表的数学含义见表 6.3。信号波形显示使用的参考值是可调的。使用滑动条或者在文本框中输入数值调整后，按下回车键或者单击 **Apply** 按钮确认即可。

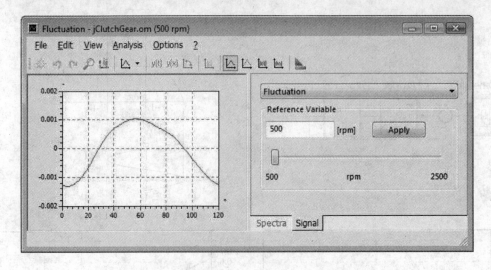

图 6.40 用信号表示稳态仿真结果的结果窗口

图 6.41 根据谐波平衡结果计算显示量的多选框

表 6.3 谐波平衡结果显示方式代表的数学含义

显示方式	算法	备注/示例
Deflection 偏离量	$\hat{y}(t)$	通常，结果变量的振动部分远小于它的平均值。在这种情况下，最好单独表示振动部分 例如，对于旋转质量块的转角，直接显示的是转角偏离等速运动的数值
Deflection + Mean Value 偏离量 + 平均值	$\hat{y}(t) + \hat{y}[0]$	对于具有零周期向量分量的变量，这是完整的信号
Fluctuation 波动	$\dfrac{\hat{y}(t)}{\hat{y}[0]}$	波动表明变量相对偏离平均值的大小 在动力传动工程，习惯地绘出旋转质量块的角速度的波动。这是 SimulationX 的默认设置

▶▶ 6.3 稳态(静态)平衡计算

在很多应用中，从(稳态或静态)平衡状态开始运行仿真是非常有用的，而不是某一用户指定初始状态。下面举例说明平衡状态：

（1）电子电路装置：电路的 DC 操作点。

（2）液压装置：液压回路的稳态分析。

（3）机械装置：悬置弹簧的弹性支撑系统，车辆恒速驱动和操纵起步。

当状态变量不再变化(导数为 0)时，系统就处于静态平衡。但是，在机械系统中，"平衡状态"也可以是系统匀速运动的情况。在这种情况下，仅仅是系统的加速度(最高阶导数)为0。

一个系统也许有以下几种可能的平衡状态:

(1) 一个精确的平衡状态。

(2) 几个平衡状态,如钟摆具有一个稳定和一个不稳定的平衡态;也可能有无数个,如平面上的球。

(3) 根本没有平衡态。

使用菜单 Simulation/Equilibrium 或者按钮 ⚙,可以运行平衡计算。平衡计算算法保持状态变量的最高阶导数为0,并试图生成这些条件下的一个相容状态。非线性方程系统采用迭代方法进行求解。输入的初始值用作迭代的开始值。如果找不到平衡状态,用户可以尝试手动改变初始值并重新运行平衡计算。但是,要记住一点,没有达到平衡状态的模型也是存在的,如图 6.42 所示。

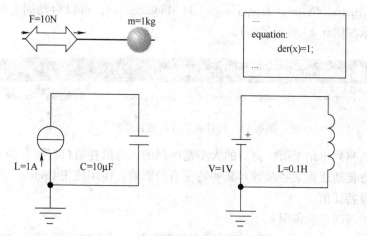

图 6.42 没有达到平衡状态的简单模型

需要注意的是,数值方法不能区别模型是否具有平衡状态或者是否能够找到平衡状态。例如,由于选择的开始值不适合导致无法找到平衡状态。为了帮助算法找到平衡状态,可以运行一次瞬态仿真,使模型接近可能的平衡状态,然后再进行平衡计算。

平衡计算的结果可以在模型浏览器(适合于所有变量)和结果窗口(结果曲线的第一个值)中显示,也可以瞬态显示。

从计算得到的平衡状态开始,用户可以运行时域仿真或者线性分析。

▶▶▶ 6.4 线性系统分析

除了动态仿真和平衡计算之外,软件还具有两种分析功能。固有频率和模态分析;输入输出分析。

所有这些功能都是基于线性模型分析,也就是说,模型方程在当前操作点被线性化。因此,对于非线性较强的模型,分析结果仅适用于操作点附近的小区域。每个工程领域都可以很容易地找到这样的非线性模型,例如:

(1) 机械元件的非线性刚度和阻尼。

（2）物理终止。

（3）摩擦（黏-滑）。

（4）液压-气动控制阀。

（5）电子设备，如二极管，晶体管等。

（6）具有与压力、温度有关的流体特性的液压油（压缩性、黏性、气穴现象）。

任何时间都可以进行线性模型分析，例如，用户可以在任一点暂停瞬态仿真并运行线性分析。

6.4.1 固有频率和模态分析

系统的固有频率和模态分析是由模型的雅可比矩阵计算得到的，考虑了所有的状态变量。因此，计算结果适用于整个模型，与物理领域无关。

通过菜单 Analysis/Natural Frequencies and Mode Shapes，可以启动固有频率分析。计算完成后，会显示如图6.43所示的窗口。

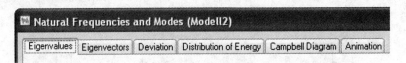

图6.43　固有频率分析后得到的窗口

窗口采用表格列出结果值。窗口的大小是可调的。可以在窗口打开时执行其他操作。这使得用户可以方便地观察某些参数对某些特征值的影响。使用按钮 Update，可以简单地修改参数和重新计算特征值。

本窗口中的按钮功能说明如下：

——　Print Preview 按下该按钮，可以打印固有频率分析的结果或者将其导出到文件。在打印预览中，可以隐藏不关心的结果，也可以设置不同的格式。

——　Update 按下该按钮，启动一次新的固有频率计算。如果已经修改了某些参数并要研究这些参数对特性值的影响，需要进行更新操作。

——　Close 按下该按钮，关闭固有频率和模态分析的计算窗口。

——　Help 按下该按钮，可以找到关于本窗口使用的帮助信息。

除了隐藏零或无穷大的频率之外，可以定义频率和时间常数的上下限。该过滤设置是保存在模型中的。

固有频率和模态分析窗口分6个页面分别显示计算结果：特征值（Eigenvalues）、特征向量（Eigenvectors）、偏差（Deviation）、能量分布（Distribution of Energy）、坎贝尔图（Campbell Diagram）和动画（Animation）。

1. 特征值

切换到特征值页面，将显示当前模型的复数特征值、阻尼和无阻尼固有频率和时间常数，如图6.44所示。单击列标题，特征值就会按照选中列进行排序。使用选项 Show all，零或无穷大特征值也会显示。

使用表格上下文菜单中的命令 Copy table，可以将表格中的内容以文本格式复制到剪贴板中。

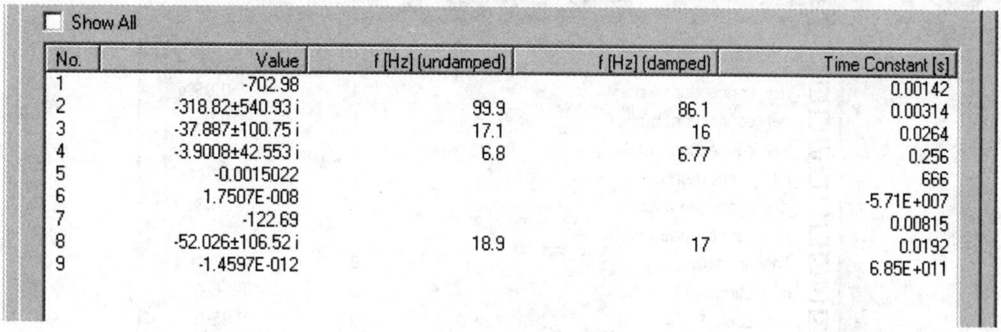

No.	Value	f [Hz] (undamped)	f [Hz] (damped)	Time Constant [s]
1	-702.98			0.00142
2	-318.82±540.93 i	99.9	86.1	0.00314
3	-37.887±100.75 i	17.1	16	0.0264
4	-3.9008±42.553 i	6.8	6.77	0.256
5	-0.0015022			666
6	1.7507E-008			-5.71E+007
7	-122.69			0.00815
8	-52.026±106.52 i	18.9	17	0.0192
9	-1.4597E-012			6.85E+011

☐ Show All

图 6.44　特征值页面

2. 特征向量

切换到特征向量页面，将显示所有的特征向量和各个状态变量的名称。单击任一行，对应的原件或者连接都会在模型视图和模型浏览器中被选中。

使用表格上下文菜单中的命令 Copy table，可以将表格中的内容以文本格式复制到剪贴板中。

3. 偏差

切换到偏差页面，将显示以条形图的形式显示特征向量的数值。单击任一行，对应的原件或者连接都会在模型视图和模型浏览器中被选中。

使用表格上下文菜单中的命令 Copy table，可以将表格中的内容以文本格式复制到剪贴板中。

（1）固有模态 Mode 编辑框。

这里选择显示的特征向量。多选框中的阶次对应于特征值 页面中的排序，如图 6.45 所示。

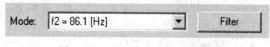

Mode:　f2 = 86.1 [Hz]　　　　▼　　Filter

图 6.45　固有模态 Mode 编辑框

（2）过滤器 Filter。

单击该按钮，弹出如图 6.46 所示的模态显示过滤器对话框，在此，可以隐藏不感兴趣的状态变量。

以条形图显示的偏差，采用下面规则进行标准化处理：

$$\max(|y|) = 1 \tag{6.11}$$

在这个标准中，仅考虑当前显示的状态变量。

4. 能量分布

切换到能量分布页面，将显示某一固有模态的能量分布。这样，就可以看到元件对各个固有频率的影响。选择任一行，对应的元件都在模型视图和模型浏览器中被标记出来。为了在能量计算中考虑某一元件，必须在行为描述中计算一些特殊的变量。

使用表格上下文菜单中的命令 Copy table，可以将表格中的内容以文本格式复制到剪贴板中，如图 6.47 所示。

能量分布也可以打印出来。

（1）固有模态 Mode 编辑框。

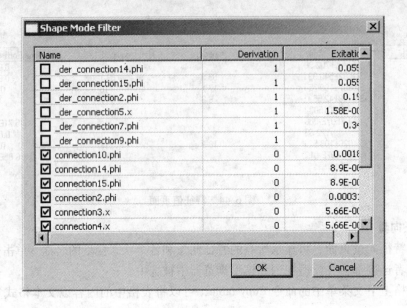

图 6.46　模态显示过滤器对话框

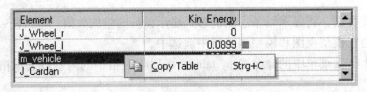

图 6.47　复制表格中的变量

这里，选择需要显示能量分布的固有模态。图 6.48 显示的多选框中输入的阶次对应于特征值页面中的排序。

（2）动能 Kin. Energy。

表格中显示的是当前选择的固有模态的动能 E_{kin} 的标准分布。表格中包含了能够积累动能的所有元件，如来自于机械学科库的质量元件。

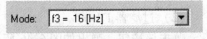

图 6.48　在固有模态 Mode 编辑框中输入阶次

（3）势能 Poltential Energy。

表格中显示的是当前选择的固有模态的势能 E_{pot} 的标准分布。表格中包含了能够积累势能的所有元件，如来自于机械学科库的弹簧元件。

（4）功率损失 Power loss。

表格中显示的是当前选择的固有模态的功率损失 E_{loss} 的标准分布。表格中包含了涉及功率损失的所有元件，如来自于机械学科库的阻尼元件。

显示的能量形式都采用以下准则进行标准化处理：

$$\sum E_{\text{kin}} = \sum E_{\text{pot}} \tag{6.12}$$

$$\max(E_{\text{kin}}, E_{\text{pot}}) = 1 \tag{6.13}$$

$$\max(E_{\text{loss}}) = 1 \tag{6.14}$$

5. 坎贝尔图

切换到坎贝尔图页面，如图 6.49 所示，它主要用于识别旋转系统(动力传动系统)的临界转速。在阶次(截线)和特征频率(水平线)的交点处可以发现可能的共振点。特征频率的存在主要依赖于激励的种类和阻尼等。

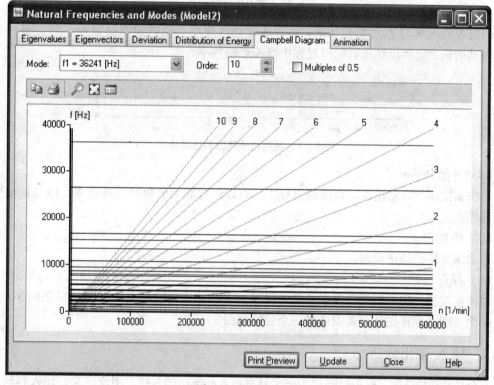

图 6.49　坎贝尔图页面

该页面中所示的按钮功能说明如下：

——将坎贝尔图复制到剪切板。

——打印坎贝尔图。

——缩放功能，用于定义速度区间。

——完整显示坎贝尔图。

——在感兴趣的交点上单击鼠标，可以精确测量该交点。通过两条竖线，可以界定速度范围。竖线的位置可以通过鼠标调整，也可以通过单击左侧的按钮调整。

6. 动画

固有模态的动画功能支持固有频率的三维布置和相应元件在 3D 视图中的定位。

(1) 固有模态 Mode 编辑框。

这里，选择需要动画显示的某一固有模态，也可以在运行动画过程中选择固有模态。

(2) 放大。

通过控制图 6.50 显示的拖动条，可以为动画显示的固有模态的偏差设置一个放大倍数。动画运行过程中，可以修改该放大倍数。

(3) 动画频率。

Gain:
0.0001 0.001 0.01 0.1 1 10 100 1000 10000

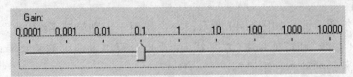

图 6.50　放大倍数拖动条

通过控制图 6.51 所示的拖动条，可以改变动画速度。动画频率设置为 1 时，每秒显示一个振动周期。也可以在动画运行过程中修改动画频率。

Animation Frequency:
0.0625 0.125 0.25 0.5 1 2 4 8 16

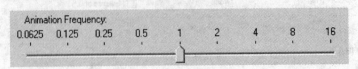

图 6.51　调整动画速度的拖动条

(4) 开始 Begin。

单击该按钮，启动动画。在动画过程中，可以设置放大倍数和动画频率，以及调整当前的固有模态。

(5) 停止 Stop。

单击该按钮，停止动画。

(6) 保存 Save。

单击该按钮，将当前固有模态的动画保存为 AVI 格式的视频文件。如果显示的 3D 视图不止一个，则必须首先从列表中选择一个目标视图。

6.4.2　输入-输出分析

在分析转换特性时，模型被描述为一个具有输入和输出的系统。用户定义好输入和输出之后，模型方程将会在当前操作点处被线性化。输入输出分析窗口的显示如图 6.52 所示。

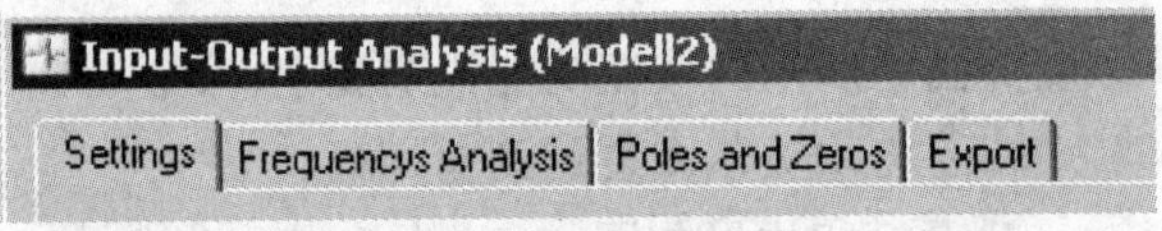

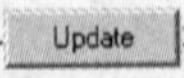

Input-Output Analysis (Modell2)
Settings
Frequencys Analysis
Poles and Zeros
Export

图 6.52　输入输出分析窗口

为了显示所有的值，可以调整窗口的大小。窗口可以保持打开状态，用于进一步的操作。这便于用户研究某些参数的影响。

——
Update
按下该按钮，再次执行线性系统分析。如果已经修改了某些参数并要研究这些参数对计算结果的影响，需要进行更新操作。

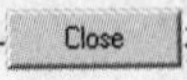

——
Close
按下该按钮，关闭转换特性窗口。

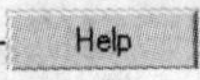

——
Help
按下该按钮，打开有关使用本窗口的帮助信息。

1. 设置

在 Settings 页面中，允许为线性系统分析选择输入和输出。自由信号输入可以定义为输入。对于输出，可以是信号输出，也可以是结果变量输出。

按下“编辑”按钮，可以增加或删除输入或输出。这时会弹出一个对话框，用于为当前模型选择可用的输出或输出。通过拖曳方式，可以从模型的树型结构视图中复制变量。在输入-输出分析中，模型的信号输入作为可用的输入，结果变量作为可用的输出。

2. 频率分析

频率分析使得模型特性可以方便地表示为频率。频率分析的步骤如下：

① 在页面 Settings 中选择输入和输出。

② 为每个输入描述激励。

③ 定义频率范围、个数，以及完成分析的样本的分布。

④ 按下按钮 Update，执行分析。

（1）激励。

必须为每个定义的输入指定激励。为此，各个输入必须在表中标记出来。关于激励的描述，具有以下几种方式：

① 幅值和相位为常数（默认地，幅值为1,相位为0）。

② 实部和虚部为常数。

③ 幅值和相位为频率上的特征曲线。

④ 实部和虚部为频率上的特征曲线。

⑤ 周期性时间信号。

（2）分析。

运行分析之前，必须通过下面参数来指定频率范围：

① 最小频率（Hz）。

② 最大频率（Hz）。

③ 样本数目。

④ 频率轴的分布（线性或对数）。

（3）结果。

结果表格中包含每个定义的输出的系统响应，共有 3 种表达方式：

① 实部和虚部。

② 幅值和相位。

③ 奈奎斯特图，其显示结果如图 6.53 所示。

通过拖曳方式，可以从结果表格中拽出图标放到 SimulationX 工作区。以这种方式打开的结果窗口可和模型一起保存，而且能够在执行其他频率分析时自动更新。

修改模型参数后或者修改频率分析的设置后，单击按钮 update 可以更新计算结果。已经打开的频率曲线结果窗口会在此过程中自动更新。

3. 极点和零点

该页面显示转换系统的零点和极点，并以列表和图的形式表示零点和极点的分布（事先必须在页面 Settings 中定义输入和输出），如图 6.54 所示。单击表格或图片中的零点或极点，该点会被突出显示。按住 Ctrl 键，用鼠标点击可以同时选中多个点。选中的零点或极点会在图片中以不同的颜色突出显示。

该页面的工具栏中包含的按钮及其功能说明如下：

——将表格和图形以文本格式复制到剪贴板。使用粘贴命令，可以将这些显示粘贴到其他程序中。

——打开打印预览。使用它可以打印表格和图形，或者导出到文件中。

——放大镜。在零极点图中拖曳矩形区域，可以局部放大该图形。

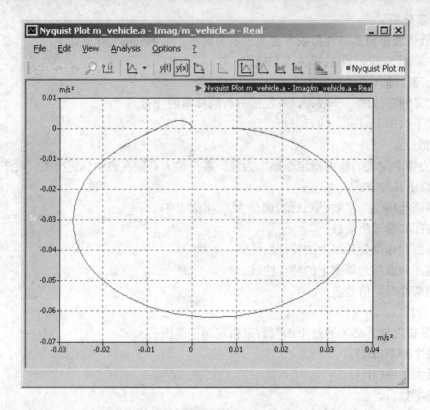

图 6.53   奈奎斯特图显示结果

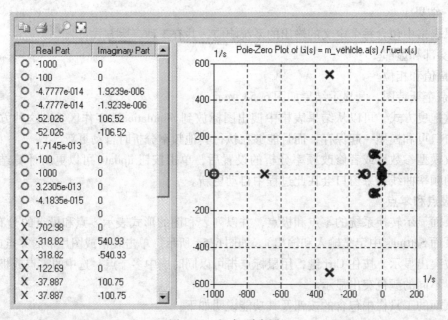

图 6.54   极点-零点图

——□恢复放大。图中显示所有的零极点。

—— Update 修改模型参数后，按下该按钮，更新计算结果。

—— Close 按下该按钮，关闭转换特性窗口。

—— [Help] 使用该按钮，打开有关使用本窗口的帮助信息。

4. 输出

该页面允许以状态空间的表达方式输出当前工作点的模型(如果可能)：

$$\dot{x} = A \cdot x + B \cdot u$$
$$y = C \cdot x + D \cdot u$$

(6.15)

或者以下面形式输出：

$$E \cdot \dot{x} = A \cdot x + B \cdot u$$
$$y = C \cdot x + D \cdot u$$

(6.16)

其中，x 为状态变量；u 为输入变量；y 为输出变量。

第一步，必须在页面 Settings 中定义系统的输入变量和输出变量。

(1) 数据格式栏 Data Format。

定义系统矩阵的输出格式如图 6.55 所示。支持两种格式：Matlab m-File 和 Modelica-Syntax。

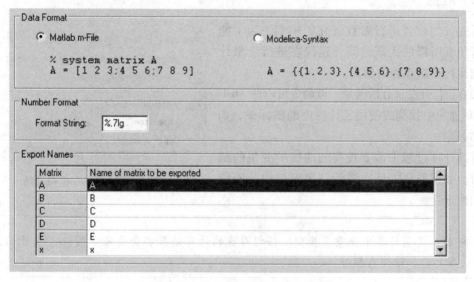

图 6.55　定义系统矩阵的输出格式

(2) 数值格式栏 Number Format。

在编辑框 Format string 内，定义输出数值的精度和格式。这里使用的语法遵从 C 语言程序的 printf 函数规则。

(3) 命名 Name of matrix to be exported。

这里，用户为输出矩阵命名。

⚠ **注意**：命名的有效性依赖于选择的数据格式。

窗口中提供的按钮及其功能说明如下：

—— [Copy] 单击该按钮，以选定的格式将系统矩阵复制到剪贴板。

—— [Save..] 单击该按钮，以选定的格式将系统矩阵保存为一个文件。单击后会弹出一个文件对话框，用于选择文件名和目标文件夹。

—— [Update] 修改模型参数后，单击该按钮，更新计算结果。

—— Close 单击该按钮，关闭转换特性窗口。

—— Help 使用该按钮，打开有关使用本窗口的帮助信息。

▶▶ 6.5   变量分析

6.5.1   应用场合

变量分析和参数研究可用于研究含有不同参数组合的模型。参数向导帮助用户定义参数研究。向导允许选择变化的参数，并为它们分配数值。向导也提供了不同的输出格式，以便保存变量计算的结果，从而用于进一步的分析。用这种方式描述的变量分析可以保存下来为后续使用。

6.5.2   准备

首先，加载要进行参数研究的模型。为了能够估计仿真所需的大概时间，建议在进行变量计算之前运行一次单独的仿真。

现在，打开变量分析向导。该命令可以在 Analysis 菜单选项中找到或使用工具栏中的图标✎，如图 6.56 所示。

打开计算过程中需要观察的曲线的变量的结果窗口。如果需要的话，激活结果窗口中的冻结结果曲线选项。

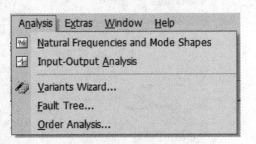

图 6.56   Analysis 菜单选项

⚠ **注意：** 变量计算中会重置模型。任何存在的计算结果都会丢失。因此，在开始变量分析向导之前，请保存模型。

6.5.3   变量向导

在如图 6.57 所示的 Welcome 对话框中，可以选择定义新的变量计算或者使用已有的变量计算文档，也可以定义计算任务，还可在瞬态仿真（默认地）和平衡计算之间选择仿真类型。

Parameters 对话框用于选择变化的参数，如图 6.58 所示。为此，可用类似于模型浏览器中的一个树型结构视图来表示。

通过拖曳方式或者用鼠标双击，可以复制各个输入到变化的参数列表中。通过在列表中给出开始值、步长和结束值，用户可以为单独变量的自动生成进行初始化。选择任一行，然后单击按钮✕，可以删除列表中的输入。

Variants 对话框以表格的形式列出了每次计算的参数分配，如图 6.59 所示。用户可以在这里添加参数或删除选中的输入项。

在 Results 对话框中，选择需要保存的结果变量，用于分析变量计算，如图 6.60 所示。

在视图的上部，还可以看到当前模型的树型结构的变量，通过拖曳方式或者双击鼠标，用户可以从中复制各个变量到下面的列表中。如果需要的话，选中的结果变量的协议属性会自动激活。

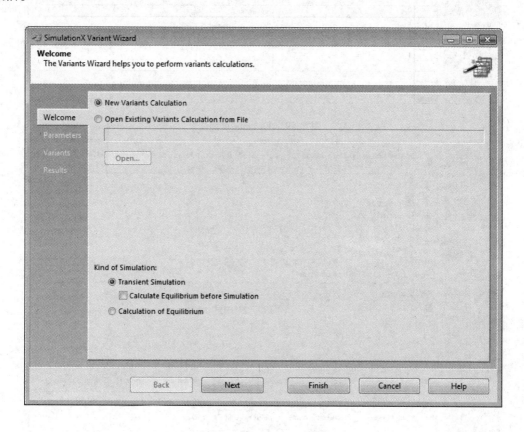

图 6.57 Welcome 对话框

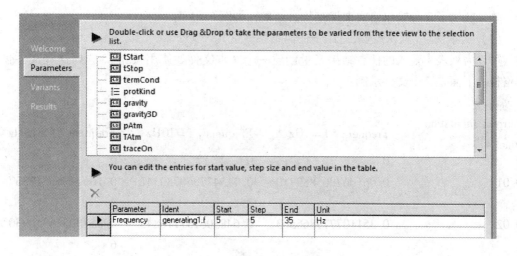

图 6.58 Parameters 页面

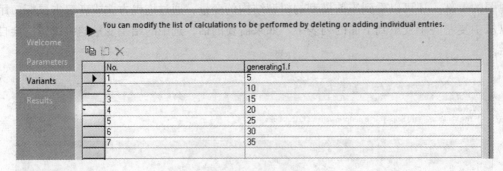

图 6.59　Variants 页面

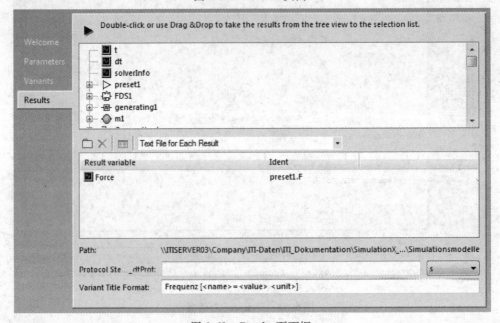

图 6.60　Results 页面框

软件提供了 3 种输出格式来保存仿真结果，如图 6.61 所示。

（1）文本文件(默认设置,适用于任何结果变量)。

可以为列表中输入的任意结果变量创建一个文本文件。使用按钮☐选择这些文件创建的路径。下面是一个文件示例：

Force F [N] Current simulation time [s]	Frequency f = 5 Hz	Frequency f = 10 Hz	Frequency f = 15 Hz
0	0	0	0
0.01	0.0610679658897106	0.115427960730342	0.165126435123372
0.02	0.351107779866563	0.648306137116845	0.857805463509306
0.03	0.84043513728217	1.40536310612747	1.52968568804314

0.04	1. 26635999100135	1. 67116295096669	1. 01977814907407
0.05	1. 39485305276926	0. 909691505499602	-0. 899841642475671

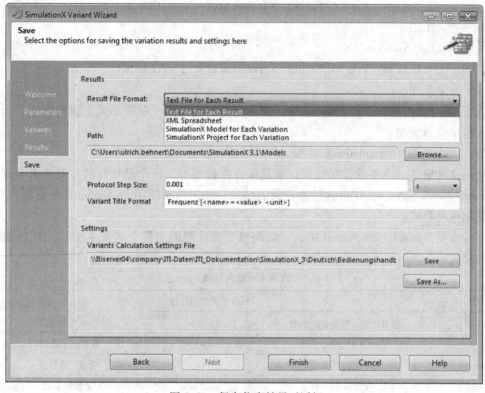

图 6.61　保存仿真结果对话框

为了便于比较每次变量计算的结果，请以相等的协议步长保存结果。该协议步长可在各个输入框中进行调整。

（2）XML 文件。

这种输出格式将变量计算的每个结果都单独保存为文件。这种格式的标准化使得能够使用其他软件，如 Excel XP，来分析和进一步处理保存的数据。文件的名称和保存路径通过按钮□来调整。下面是这种文件的一部分：

```
< ? xml version = " 1. 0 " encoding = " ISO-8859-1 "? >
- < Workbook xmlns = " urn：schemas-microsoft-com：office：spreadsheet "
    xmlns：ss = " urn：schemas-microsoft-com：office：spreadsheet " >
- < Worksheet ss：Name = " preset1. F " >
  - < Table >
    - < Row >
      - < Cell >
        < Data ss：Type = " String " > Current Time[ s ] </Data >
      < /Cell >
```

```
    - < Cell >
        < Data ss：Type = "String" > frequencef = 5 </Data >
    </Cell >
    - < Cell xmlns = "" >
        < Data ss：Type = "String" > frequencef = 10 </Data >
    </Cell >
    - < Cell xmlns = "" >
        < Data ss：Type = "String" > frequencef = 15 </Data >
    </Cell >
```

为了便于比较每次变量计算的结果，请以相等的协议步长保存结果。该协议步长可在各个输入框中进行调整。

（3）每个变量的 SimulationX 模型。

使用这种格式，不单独保存结果，而是保存在模型中。每个已计算的参数集都要保存完整的 SimulationX 模型，其中包含任意记录的结果。如果希望使用 SimulationX 分析每次计算，应该使用这种格式。

在输入框 Variant Title Format 中，可以调整变量计算的名称。表 6.4 中给出了所有可能的输入格式。

表 6.4　输入格式

表达式中的符号	意　　义	表达式中的符号	意　　义
[…]	括号代表一列变化的参数，格式为 p1,p2,…,pn。	< unit >	参数 pi 的测量单位
		< ident >	参数 pi 的标识
< comment >	参数 pi 的说明	< iVar >	变量 i 的数值
< name >	参数 pi 的名称	< numVar >	变量的总数
< value >	参数 pi 的当前值		

下面举例进行说明。

（1）使用变化的参数和字符串，如图 6.62 所示。

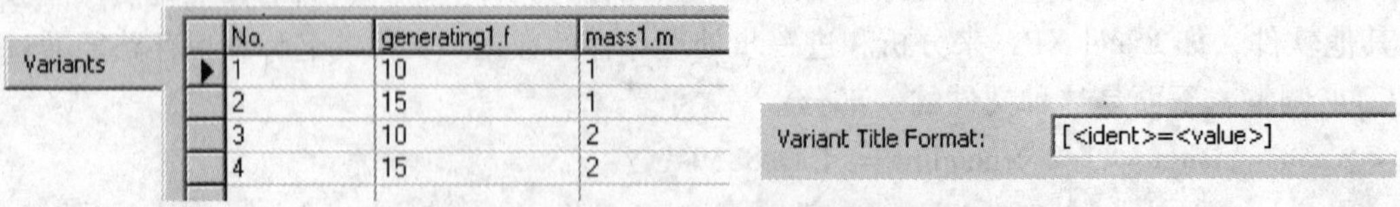

图 6.62　使用变化的参数和字符串

然后可以观察到图 6.63 所示的输出：

（2）使用另外一种格式的字符串，如图 6.64 所示。

可以观察到图 6.65 所示的输出。

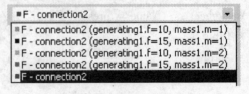

图 6.63　输出示例 1

Variant Title Format:	Variante <iVar>/<numVar> [<name>=<value> <unit>]

图 6.64 另外格式的字符串

6.5.4 变量计算过程中观察计算结果

在变量分析过程中，需要通过结果窗口观察仿真结果。这些结果窗口必须在运行变量向导之前打开。建议使用结果曲线的自动冻结功能，步骤如下：

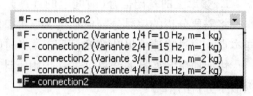

图 6.65 输出示例 2

（1）打开需要观察的变量的结果窗口。

（2）在结果窗口中打开属性对话框，进入 Representation 页面。

（3）为期望的结果手动定义 X 轴和 Y 轴的设置（最小值、最大值、刻度）。

（4）激活选项 Freeze before every new calculation。

图例中的曲线标签以一定的格式显示，该格式在变量向导的 Results 页面中指定，如图 6.66 所示。

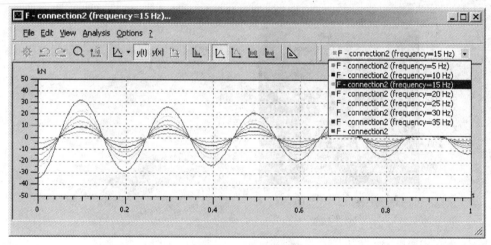

图 6.66　Results 页面

▶▶6.6 阶次分析

阶次分析是为驱动系统进行频率分析的一种方法。它可以容易地检测和显示共振点。因此，阶次分析可应用于很多领域，例如，内燃发动机动力传动系和具有不均匀传动比的驱动系统。

ITI-ORD 提供了进行阶次分析的高效工具。它与 ITI 仿真软件的密切联系简化了仿真数据的输入。大量用户化选项和合理参数默认值的自动选择使得程序开发灵活、简便和快速。结果图可以打印，也可以通过 Windows 剪贴板输出。所有数据、设置和结果都可以保存到文件中，用于后续研究。

6.6.1　功能描述

进行阶次分析，需要使用仿真数据或者测试的数据。

输入的数据集是需要分析的信号 $A(t)$（例如，动力传动系统中，某根轴的转矩或者某位置的加速度）和公共时基上的基础信号 $\omega(t)$（例如，转速）。

1. 频率上的基础信号（时间上的计算）

将需要分析的信号分割成长度为 T 的时间段，再把这些时间段赋给基础信号中的某些样本点，通过快速傅里叶变换（FFT），将时间段变换到频率域。

快速傅里叶变换的结果可进一步用于计算傅里叶系列的系数，它们是时间的函数，可以近似于分析的信号：

$$A(t) \approx a_0 + \sum_{k=1}^{N-1} a_k \cos\left(\frac{2\pi}{T}kt + \theta_k\right) \tag{6.17}$$

最大频率 $f_{max} = \dfrac{\frac{N}{2} - 1}{T}$ 依赖于 FFT 的样本点的个数和采样时间。

系数 a_k 显示为声谱图或者瀑布图，见图 6.67。x 轴为频率 $f_k = \dfrac{k}{T}$，y 轴为基准信号的数值。

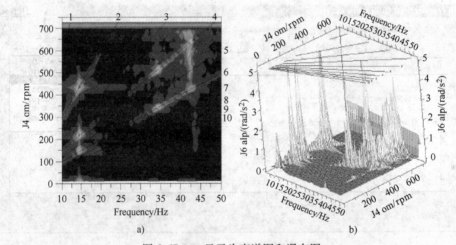

图 6.67　a_k 显示为声谱图和瀑布图

特征频率可以在声谱图中标记为垂直线，见图 6.67a），大约每秒 14 个周期。如果某一特征频率存在，图中相应的区域显示为不同的颜色。

这种结果表示需要输入数据：基础信号浮动均值必须严格单调。

2. 阶次上的基础信号（基础信号积分上的计算）

与频率上的计算相反，分析信号没有分割成时间段 T。因此，第一步，采用基础信号在时间上的积分 $\varphi(t) = \int_0^t \omega(\tau)\mathrm{d}\tau$ 取代时间轴。

$$A(t) = A(\varphi(t)) \tag{6.18}$$

对于提到的可能应用实例（动力传动系统的加速减速），基础信号 ω 通常由发动机转速给定，基础信号的积分对应于发动机的转角 φ。

在用基础信号的积分代替时间之后，就可以将分析信号 A 在 φ 上分割为具有相等宽度 P 的若干部分，将它们与基础信号 ω 的值联系起来。

FFT（使用基础信号积分 $\Delta\varphi$ 上的等距采样点）的结果，可以赋给傅里叶系列的系数，它们是 φ 的函数，可以近似于分析信号：

$$A(\varphi) \approx a_0 + \sum_{k=1}^{N-1} a_k \cos\left(\frac{2\pi}{P}k\varphi + \theta_k\right) \tag{6.19}$$

已知分析信号的周期 p 代表了 φ 上的第一阶谐波（在前面的应用实例中，这相当于发动机的一转，有 $p=2\pi$），傅里叶系列的系数可以关联到谐波阶次：

$$n_k = \frac{kp}{P} \tag{6.20}$$

系数 a_k 可以显示为声谱图或者瀑布图，如图 6.68 所示。x 轴坐标为阶次 $n_k = \dfrac{kp}{P}$，y 轴坐标为基础信号的数值。

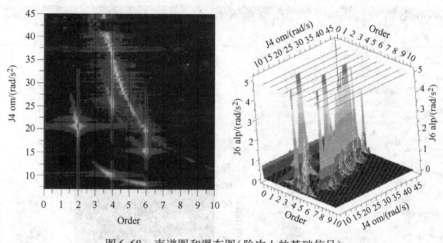

图 6.68　声谱图和瀑布图（阶次上的基础信号）

这种结果表示要求输入数据：基础信号浮动均值必须被严格单调。另外，计算算法要求基础信号的积分在所求的区段内严格单调。

3. 时间上的阶次

这里的计算类似于上一小节的计算，也就是由基础信号的积分代替时间。但是，分配给基础信号的值不再是间隔长度 P 而是时间。如果需要分析的试验不是加减速，这就特别有用。例如，数据是在发动机恒转速的试验中测量记录得到的。

系数 a_k 可以显示为声谱图或者瀑布图，如图 6.69 所示。横坐标表示时间 t，纵坐标表示谐波阶次。

基于基础信号积分的阶次计算要求在需要分析的区段上严格单调。

6.6.2　操作

ITI-ORD 可以通过 SimulationX 的菜单选项 Analysis/Order Analysis 或者 Window 开始菜单来启动。

程序窗口包含两个区域。左侧是属性窗口，右侧是结果显示窗口，如图 6.70 所示。窗

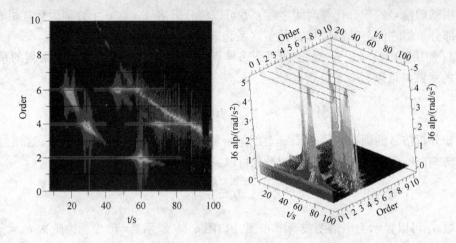

图 6.69 a_k 显示为声谱图和瀑布图（时间上的阶次）

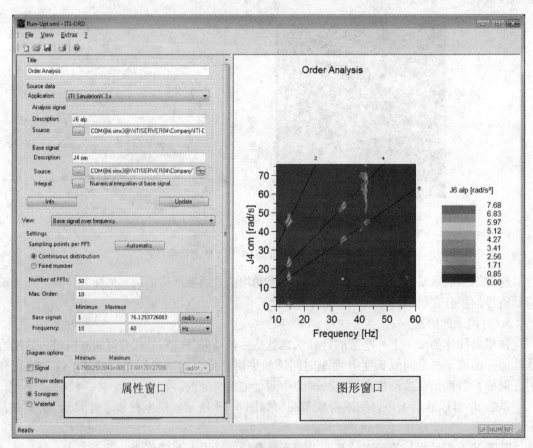

图 6.70 程序窗口

口两部分的大小都是可调的。一个完整的分析过程包括以下 4 个步骤。

(1) 导入源数据。

(2) 设置分析属性。

(3) 设置显示属性。

（4）保存，打印，结果输出。

1. 导入数据源

（1）选择应用程序。

首先，必须选择支持源数据的应用程序，需导入数据源，如图 6.71 所示。可选择的应用程序仅包含实际安装的。这里，选择的应用程序是 ITI SimulationX 3. x。

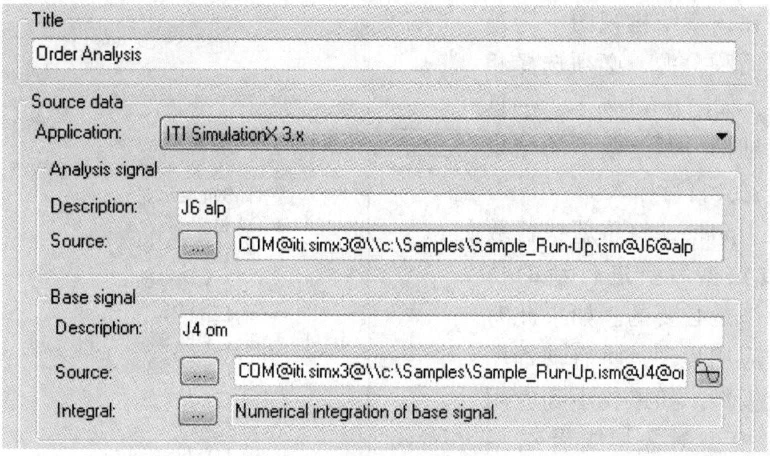

图 6.71　导入数据源

（2）选择结果变量。

阶次分析需要分析信号 $A(t)$ 和对应的基础信号 $\omega(t)$，如转速，两者都由应用程序中导入。必须激活相应结果变量的协议属性。模型本身必须完整地仿真和保存至少一次。

> ⚠ **建议**：分析信号和基础信号从相同仿真模型中生成。在需要分析的间隔内，基础信号应该单调递增或单调递减。使用结果表示（视图）时，对基础信号的单调性没有限制。

使用视图 Order over time 或者 Base signal over order，基础信号（在时间上）的积分源是可以随意定义的。如果没有提供用于积分的信号，就以数值计算。

然后，按下 ITI-ORD 中相应标识符旁边的按钮□，如图 6.72 所示。这时会弹出一个窗口，窗口中以树型结构列出了所有当前打开和保存的模型。选择相应的结果量，单击 OK。这样就创建了与相应的结果量的关联。按钮旁边的输入框显示文本内容，具体的内容需要满足下面的语法结构：

COM@ AppID@ Model@ ModelObject@ ResultQuantity

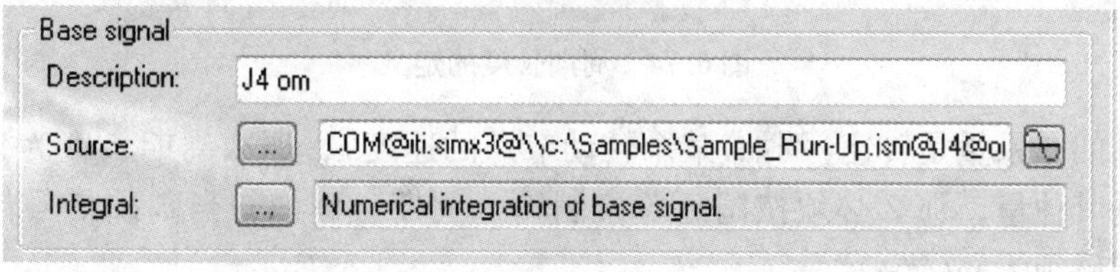

图 6.72　基础信号的数值积分

其中，符号 @ 是各个标识符之间的分隔符；标识符 COM 表示通过 COM 接口获得与应用程序的连接；标识符 AppID 表示选择的应用程序。这两个输入项可以进一步拓展，而且保持不变。Model 是模型的文件名（包含完整的路径）。最后面的两个输入项表示模型对象和结果量。最后三项也可以手动设置。这样就可以快速和容易地修改模型的文件名和路径了。

连接输入框时，分析信号和基础信号分别赋给模型的名称和相应的结果量。文本内容用于标记坐标轴，而且能够使用用户选择的文本进行改写。

为了能够在树型结构视图中为基础信号选择时间积分源，必须选择相应的选项按钮，如图 6.73 所示。一旦分析信号和基础信号赋给模型的结果变量，源数据就会自行导入。

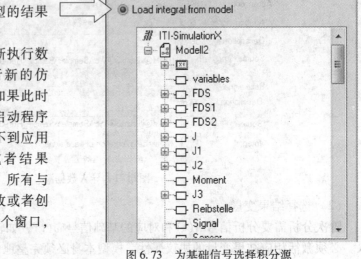

按下按钮 Update，将重新执行数据导入。修改数据后要进行新的仿真，进行该操作是必要的。如果此时不运行选择的应用程序，将启动程序而且加载相应模型。如果找不到应用程序、模型、模型对象，或者结果量，将会出现错误信息提示。所有与结果量的连接都可以随时修改或者创建。使用按钮 Info，将打开一个窗口，显示导入的信号的信息。

图 6.73　为基础信号选择积分源

（3）基础信号的周期。

基础信号的选择包含周期长度的定义，如图 6.74 所示。

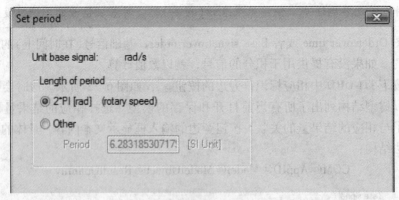

图 6.74　周期长度的定义

如果所选的结果量是转速（例如，某个转动节点的速度），那么周期长度为 $2\pi[\text{rad}]$。如果基础信号是其他量，那么必须按国际单位制输入周期。例如，当基础信号信号采用 m/s 时，那么周期必须为 m（米）。

周期长度对于阶次线的正确显示是重要的。周期长度可用于创建等距过程，也可以后续修改周期长度，并重做阶次分析。

（4）创建等距过程。

如果源数据的过程不是等距的，那么这里将创建一个等距过程。采样时间 dt 由基础信号 $Base_n$ 中的最大步长计算得到：

$$f_{\max} = \frac{\Delta Base_{\max}}{2}$$

$$dt = \frac{1}{2f_{\max}}$$

(6.21)

基础信号和分析信号的值是线性插值的。

2. 设置分析选项

分析选项的修改是在属性窗口的中间部分完成，如图 6.75 所示。

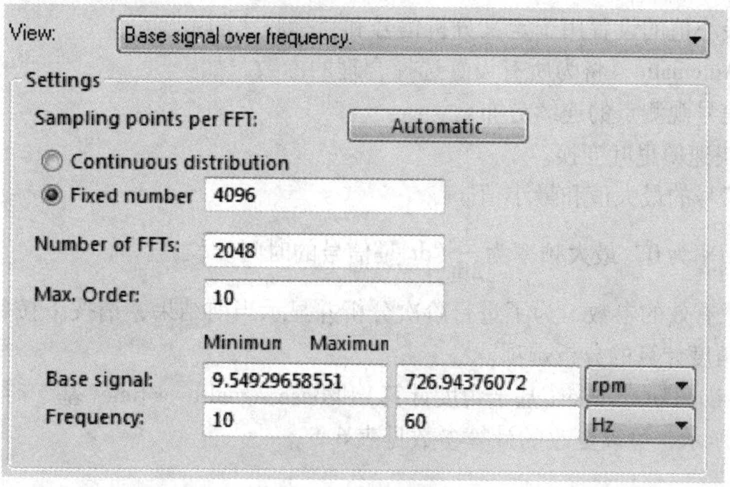

图 6.75　修改分析选项

（1）基于时间计算的分析选项。

参数 Number of FFTs 定义了信号区段的数目，也就是分析过程中执行的快速傅里叶变换的次数。共有两种可能，如下所述。

① 区段连续分布。信号区段根据下面的算法实现：

——在信号中找到当前观测的基础信号值 $Base_n$ 的首次出现（加速时，沿正向时间方向；减速时，沿负向时间方向）。

——区段开始于基础信号值为 $\dfrac{Base_{n-1} + Base_n}{2}$ 的样本点，终止于属于基础信号值为 $\dfrac{Base_n + Base_{n+1}}{2}$ 的样本点。

因此，信号区段可能具有不同的长度。

这种方法分割了整个数据集。优点为：不会遗漏信号，也不会有重叠区段。

⚠ **注意**：使用这种方法，就无法直接影响每个信号区段的长度了。对于较长的信号和稀疏分布的基础信号观测点，将会创建很长的数据段。在这样的一个区段中，频率变化相当大，可能会破坏快速傅里叶变换的结果。对于较短的信号和密集分布的基础信号观测点，区段会非常短，会降低频率分解的速度。

② 固定的片段数目。在这种方法中，用户可以指定一个信号区段的采样点个数 n 。一个区段将由各个基础信号观测点之前的 $\frac{n}{2}$ 个样本和之后的 $\frac{n}{2}$ 个样本组成。

> ⚠ **注意**：信号的某些部分可能会在 FFT 谐波的计算过程中被忽略，尤其是对于长信号、稀疏基础信号观测点和少量的 FFT 样本的情况。因此，这里有丢失本来存在的共振点的可能。相反情况下，也可能会有重叠区段，导致一部分信号被分配到多个频率观测点。这会导致结果混乱。因此，结合对已获得的结果的详细分析，建议改变选择的分析参数。

最大值和最小值的设置用于定义分析信号和目标频率的范围。

按下按钮 Automatic，将为所有设置选择合理的参数，如：

——基础信号观测点的连续分布。

——50 次快速傅里叶变换。

——基础信号的最大值和最小值。

——最小频率为 0，最大频率为 $\frac{1}{2\mathrm{d}t}$（$\mathrm{d}t$ 是信号的时间步长）

如果选择了有效的参数，为了进行阶次分析并显示当前结果，请按下按钮 Calculate。

(2) 基于角度计算的分析选项。

对于 Base signal over order（基于角度计算）和 Base signal over time（基于时间计算）两种计算，如图 6.76 所示，可以更改的计算参数见表 6.5。

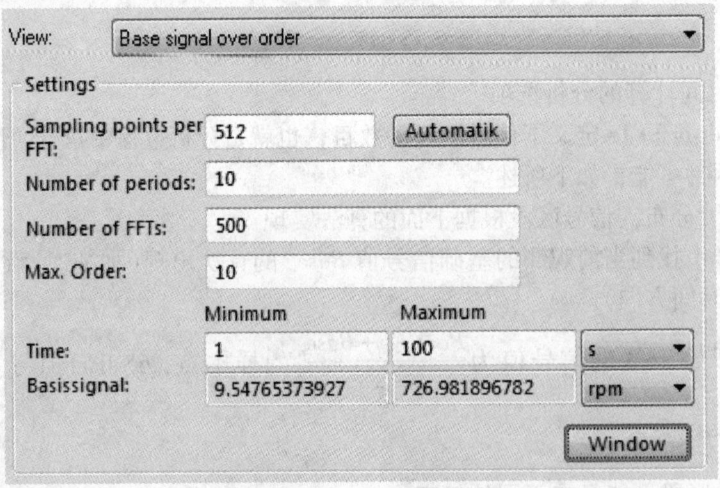

图 6.76　基于角度计算的分析选项的设置对话框

表 6.5　基于角度(基础信号的时间积分)计算时可以更改的参数

参　　数	说　　明
Sampling points per FFT 每个 FFT 的采样点	用于快速傅里叶变换的采样点的数目(该值必须为偶数,但是没有必要为 2 次幂)

（续）

参 数	说 明
Number of periods 周期数目	时间间隔宽度 P 由周期数目和周期长度的乘积确定
Number of FFTs 快速傅里叶变换的次数	这个参数定义了整个数据段分布的时间间隔的数目
Max. order 最高阶次	显示的最高阶次
Time-Minimum 时间最小值	分析的时间间隔的下限
Time-Maximum 时间最大值	分析的时间间隔的上限

① 每个 FFT 的采样点。根据下面方程进行时间间隔 P 上的离散傅里叶变换：

$$X[j] = \sum_{k=1}^{N-1} x[k] e^{-i\frac{2\pi}{N}kj}$$
(6.22)

其中，N 表示分析信号 $x[k]$ 中采用的样本个数，j 表示阶次。

 注意：样本点的数目必须为偶数。

显示的最大阶次与该数值的关系为：

$$n_{max} = \frac{\frac{N}{2} - 1}{P} = \frac{\frac{N}{2} - 1}{Mp}$$
(6.23)

其中，M 是周期数目；p 是基本周期长度；P 表示 FFT 窗口的结果宽度。

② 周期数目。该参数定义用于快速傅里叶变换的区段宽度 P，为基本周期长度 p 的偶数倍，如图 6.77 所示。周期数目构成谐波阶次分解：

$$\Delta n = \frac{1}{M}$$

这就是为什么 M 必须为偶数的原因，否则分解中无法包含第 0.5 个子谐波。

③ 快速傅里叶变换的次数。该参数定义需要分析的时间段（在最大值和最小值之间）中设置多少 FFT 窗口。因此该参数值也会影响 FFT 窗口相互重叠的程度。在极端情况下，两个相邻窗口之间的距离比数据源的样本点还近。在这种情况下，按下按钮 Calculate 开始计算之后会弹出错误提示信息，这意味着必须大大减小参数 Number of FFTs 的数值。

④ 最高阶次。

参数 Max. Order n_{max} 定义了图中显示的最高阶次。采样点的数目 N 会影响显示的最高阶次：

$$n_{max} = \frac{\frac{N}{2} - 1}{P} = \frac{\frac{N}{2} - 1}{Mp}$$
(6.24)

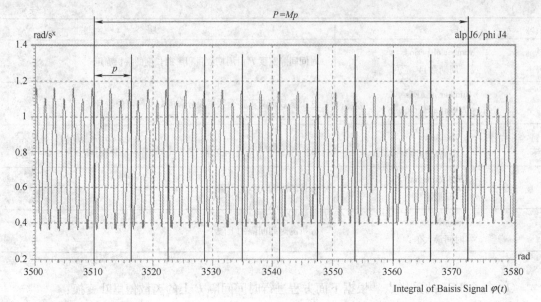

图 6.77　周期数目 M

因此，$n_{\max}$ 的数值可以自动减小。在这种情况下，为了保证所要求的最高阶次 $n_{\max}$，必须增加快速傅里叶变换采用的样本点的数目 N。

⑤ 定义分析范围。

通过最大值和最小值两个参数值定义分析范围的边界。这些值对应于第一个（最后一个）FFT 窗口的始端（终端），如图 6.78 所示。如果源数据不符合上面提到的关于基础信号或者时间积分的单调性的要求，建议修改边界值。

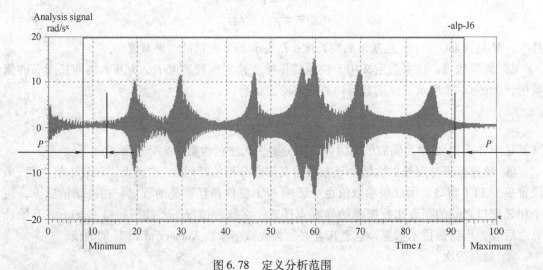

图 6.78　定义分析范围

如果视图选项选中的是 Base signal over time，基础信号的相应边界会显示在时间界限的下面，如图 6.74 所示。这些值都是不可编辑的，但是可以改变基础信号的单位，用于表达结果。

3. 设置显示属性

最重要的显示属性是在属性窗口的底部进行设置，如图 6.79 所示。

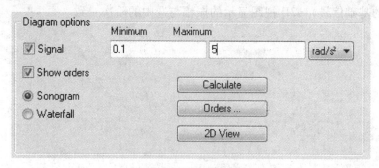

图 6.79　设置显示属性

勾上选择框 Signal 之后，就可以指定显示中 FFT 的最小值和最大值。如果各个 FFT 数值的维数差别较大的话，这个设置就很有意义了。另外，显示可以在声谱图和瀑布图之间切换，且可以突出显示阶次。

单击显示，按下鼠标左键并移动鼠标，就可以改变瀑布图的视角。使用图形窗口的上下文菜单选项 Reset，可以使透视图恢复到默认设置。使用上下文菜单中的选项 Properties，打开调整显示属性的对话框，可以修改其他显示参数。

（1）阶次直线的显示。

单击按钮 Order lines，弹出对话框 Order lines，如图 6.80 所示。每条阶次直线都可以显示或隐藏，并且都有自己的注释，也显示有理阶次。

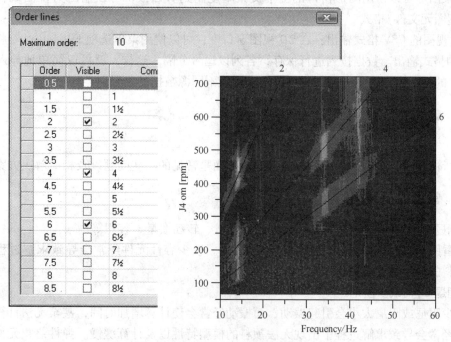

图 6.80　Order lines 对话框

（2）2D 显示。

根据选择的阶次，2D 视图显示基础信号的振幅，如图 6.81 所示。单击按钮 2D View，用户即可获得该视图。根据选中的表达类型是基于基础信号（频率上的基础信号）还是基于阶次（阶次上的基础信号），2D 视图显示的振幅与选中的阶次一致。

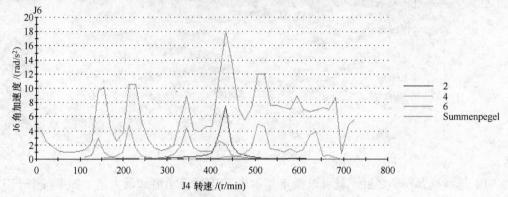

图 6.81　选中阶次的基础信号（转速）的振幅

总和代表时域内分析信号的最大值。在阶次直线对话框中设置是否显示总和值。

4. 保存，打印和结果输出

通过菜单选项 Save，随时可以将所有数据保存为文件。

如果已经导入分析数据信号，它们也会被保存。因此，该程序的使用也可以独立于仿真软件。数据保存为 XML 格式。因此，数据文件可以手动编辑，可以导入到其他程序中。

默认的打印界面是 Window 打印界面。

结果图形可以使用图形窗口的上下文菜单复制到剪贴板，可以输出为位图或者向量图（加强型图元文件）格式。

2D 视图的 CSV 格式输出：在 2D 视图窗口中，可以使用菜单选项 File/save... 将曲线以 ASCII 的格式输出。数据按列进行保存，各列以逗号分隔。这样，就可以简单地导入到 SimulationX 的结果窗口中了。例如，可以用来比较不同源数据的结果。

▶▶6.7　常见问题及其处理

运行仿真时，会遇到各种各样的问题。下面是常见的一些问题以及相应解决方案。

6.7.1　常见的建模问题

【问题 1】　元件之间缺少容性元件，如质量、转动惯量、容积等

看看图 6.82 所示的模型是否缺少容性元件。缺少容性元件经常会导致求解过程中出现无法预料的模型特性或数值错误。

【问题 2】　缺少阻尼

缺少阻尼或阻尼太小会引起振动，而振动经常会使计算增加时间，甚至无法计算。这样的模型经常会导致求解过程中出现无法预料的模型特性以及计算缓慢。弹性终止元件经常需要设定较小的阻尼。图 6.83 所示为阻尼对仿真的影响。

【问题 3】　线性插值大量数据点曲线（数据表）

由于在曲线的每个样点处进行中断处理，致使仿真很慢！推荐使用样条曲线、双曲线、弧线或者二次插值曲线，如图 6.84 所示。

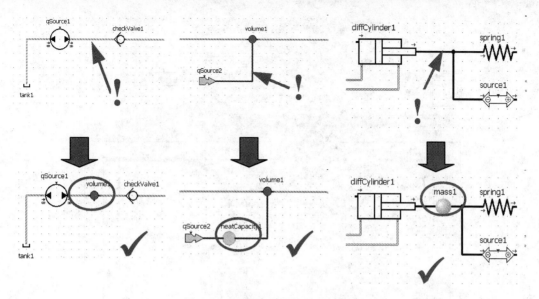

图 6.82 缺少容性元件的示例模型

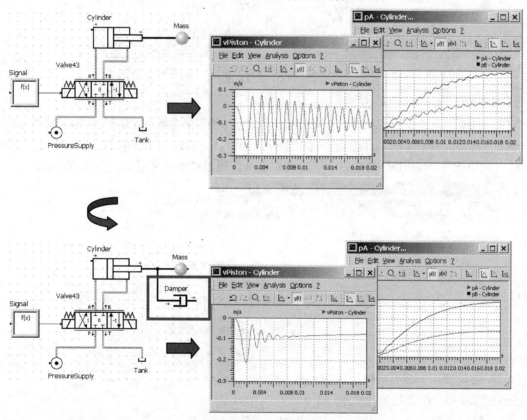

图 6.83 阻尼对仿真的影响

6.7.2 解决策略

为了解决这类问题，请使用软件的跟踪功能。下面给出一些主要的解决策略。

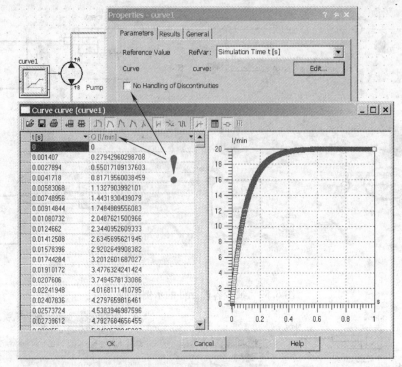

图 6.84　曲线特性设置

【策略 1】　初始值问题

（1）理解问题：在 $t=0$ 时刻，使用指定的初始值（固定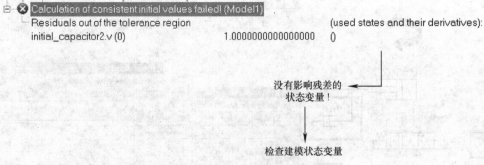或者不固定）无法求解方程组。

（2）找到问题的原因：在输出窗口中检查错误信息。找到超出误差范围（如果没有内部缩放，正常情况下为 absTol）的残差，然后找到影响该残差的状态变量，如图 6.85 所示。

图 6.85　找到影响残差的状态变量

（3）尝试使用下面办法解决问题：

——修改相应的初始值（　/　）。

——修改模型。

——瞬态仿真之前先进行平衡计算（如果初始值不重要的话）。

【策略 2】　奇异问题

（1）理解问题：至少有一个状态变量不影响任何方程，且/或至少有一个方程不受任何状态变量（或其微分）的影响。奇异问题一般是由建模错误引起的，如缺少电容、质量、容积等。

（2）找到问题的原因：在输出窗口中检查错误信息。找到奇异的状态变量和/或方程。为了缩小错误的范围，可以在对话框 Simulation Control 中的页面 Tracing 内打开跟踪标志 "Equations at end of symbolical analysis"，如图 6.86 所示。

（3）尝试相应地修改模型。

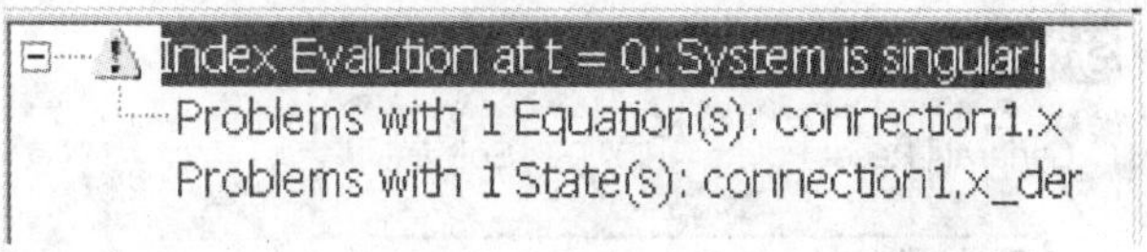

【策略 3】 仿真速度缓慢

（1）理解问题。计算缓慢主要有 3 个原因：

——高频低阻尼的振动。

——过多的中断。

——过多无效的计算步。

图 6.86 找奇异的状态变量和/或方程

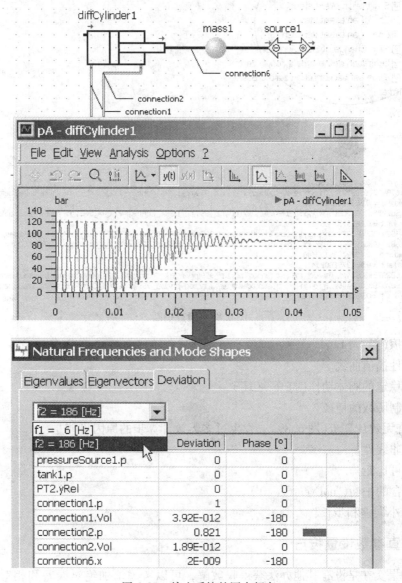

图 6.87 检查系统的固有频率

（2）找到问题的原因。

① 检查系统的固有频率，如图 6.87 所示。

② 检查中断（图 6.88）：发生太多中断的原因可能是：

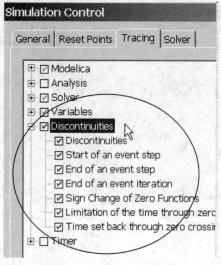

Step valid at t = 0.67845726698377.
Time: 0.67845726698377s: Through the zero function prv1.zf_959(prv1.QPA_Contr<prv1.QPA_Max) the time is limited before a step.
Step valid at t = 0.68292516985308.
Time: 0.68292516985308s: Through the zero function prv1.zf_959(prv1.QPA_Contr<prv1.QPA_Max) the time is limited before a step.
Step valid at t = 0.68297530863B7.
Time: 0.68297530863B7s: Through the zero function prv1.zf_959(prv1.QPA_Contr<prv1.QPA_Max) the time is limited before a step.
Time: 0.68297535103446s: Through zero crossing of the zero function prv1.zf_959(prv1.QPA_Contr<prv1.QPA_Max) the time is set back.
Step valid at t = 0.68297535103446.
Step valid at t = 0.6829753509141.
Time: 0.6829753509141s: Through the zero function prv1.zf_959(prv1.QPA_Contr<prv1.QPA_Max) the time is limited before a step.
Time: 0.68297535103446s: Through zero crossing of the zero function prv1.zf_959(prv1.QPA_Contr<prv1.QPA_Max) the time is set back.
Step valid at t = 0.68297535101411.

图 6.88　检查中断

——摩擦（黏/滑）。

——线性插值曲线。

——不稳定的阀体动作（打开/关闭）。

——限制函数的切换。

③ 检查无效计算步（图 6.89）。发生过多无效计算步的原因可能是：

——高非线性特性。

——雅可比矩阵。

——隐含的中断（'noEvent(...)'）。

（3）减小误差和步长！

6.7.3　仿真参数设置技巧

（1）如果实在是没有其他办法获得收敛解，可以考虑增加绝对误差和相对误差（absTol

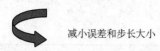
减小误差和步长大小

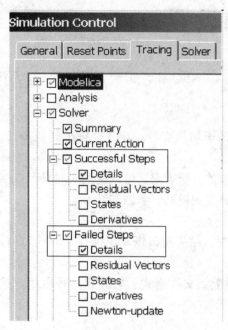

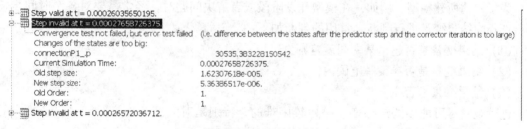

图 6.89 检查无效计算步

和 relTol)。有的情况下,选择较小的绝对误差和相对误差的数值也会有所帮助。

(2)对于包含具有较短时间常数(例如,由于小的容积、电容或者感应率等引起的短时间常数)的液压、电子和/或电磁元件的模型中,常常需要减小最小步长(dtMin)。在这些应用领域内,dtMin 的典型数值范围在 1E-16 ~ 1E-12 之间。

(3)最小输出步长(dtProtMin)能够防止创建大量的数据。默认设置为(tStop-tStart)/100,能够创建至少 100 个输出样本。如果用户希望研究高频振动,必须提前减小 dtProtMin 的数值。为了查看求解器产生的所有数据,用户可以直接为 dtProtMin 输入 dtDetect 作为参数值。

(4)用户不要修改 dtDetect 的值,该步长值影响中断的检测精度,其数值不能高于最小步长。最小步长 dtMin 应该是 dtDetect 的整数倍。

第7章

结果分析、文档和设置

▶▶ 7.1 概述

每一个模型元件根据自身的功能和复杂程度计算若干结果变量。在每个输出时间步长，软件输出模型所有元件有效的结果变量。

这意味着，仿真期间会创建大量的数据。根据各自的分析需求，可以应用实时显示或结果窗口，也可以打印结果。为了重复使用，可以保存开发的模型、参数和结果。

SimulationX 支持以下选项：

（1）计算的模型和结果一起保存。重新打开模型时，结果窗口恢复至保存时的状态（打开或关闭等）。

（2）各个结果可以以文件的形式保存在数据媒质上，文件格式、名称和路径由用户选择，这由菜单选项 File/Save 来实现。

▶▶ 7.2 实时显示

为了评估所建模型，例如，在模型开发阶段或者解决问题时，经常需要对各个时间步长处所选择的结果变量进行判断。常用的判断如下：

（1）结果变量是否超出某一限度范围？

（2）结果变量是否在某一范围内？

（3）结果变量是否完全改变？

连续观察尽可能多的结果变量是比较困难的，特别是对大模型而言。SimulationX 中的实时显示有助于完成该任务。

7.2.1 打开实时显示

使用菜单 Insert/Momentary display，可以进行实时显示，如图 7.1 所示。任一结果变量都可以与实时显示捆绑连接。实时显示可以像元件一样在工作表中自由放置。

7.2.2 与结果变量捆绑连接

双击实时显示，打开它的属性窗口。在页面 Momentary displays 中，选择框中列出所有元件和结果变量，单击即可进行选择，如图 7.2 所示。

度量单位是根据元件的属性对话框预先设置的，无法更改，但是可以定义最小值和最大值，如图 7.3 所示。

实时显示控件 Bar 和 Speedometer，定义了可显示的值范围。当绑定的变量值进入该范

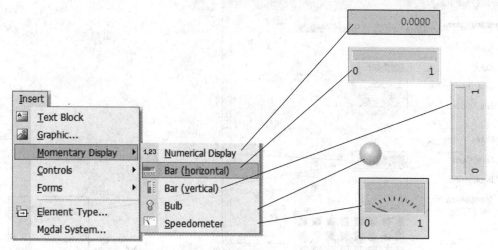

图 7.1　选择实时显示元件

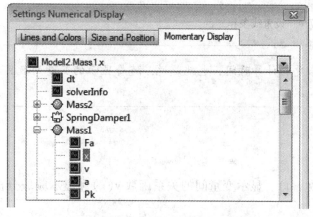

图 7.2　实时显示页面

图 7.3　设定长度单位范围

围时，信号灯点亮。

7.2.3　其他设置

1. 线条和颜色

在页面 Lines and Colors 中，可以为控件实时显示设置显示线条和颜色，如图 7.4 所示。

2. 尺寸和位置

在页面 Size and Position 中，可以选择尺寸和位置。这也可以在通过拖曳打开的实时显示窗口中来实现。

7.2.4　备注

实时显示可用于在模型的任意位置显示重要的结果值，而不是随时间变化的变量值曲线。实时显示保存在模型中。

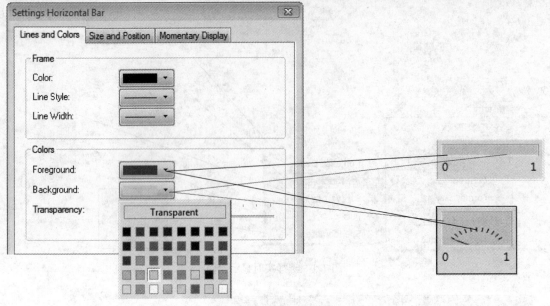

图 7.4　设置线条和颜色

⚠ **注意**：每个输出时间步长都要求更新计算时间，也就是说，随着显示的变量的数目增加，处理速度就会降低。

▶▶7.3　结果窗口

结果窗口的作用是：显示时间函数 $y(t)$、显示变量间的关系函数 $y(x)$ 和显示频域分析结果。

在仿真过程中，结果窗口不断更新（FFT 快速傅里叶变换）。一个窗口中结果变量的数量不受限制。

在一个结果窗口中，可以显示多个结果图。为此，结果窗口被分割成若干个面板。

如图 7.5 所示为带可见面板的结果窗口。每个结果窗口都有一条活跃的结果曲线，以图例 ▶ x - mass1 的形式突出；且这条活跃的结果图位于当前面板中。

⚠ **提示**：只有进行适当的控制操作（生成、复制和移动结果曲线），面板才会可见。

7.3.1　打开结果窗口

结果窗口可以为任意已经设定协议属性的结果变量打开。在元件的属性对话框或者模型浏览器中单击图标▨→▨来设置协议属性。使用模型视图和 3D 视图上下文菜单的两个命令：All Protocols(Selection)on 和 All Protocols(Selection)off，即可打开或关闭当前选中元件的所有结果的协议属性。

打开一个结果窗口的步骤如下：

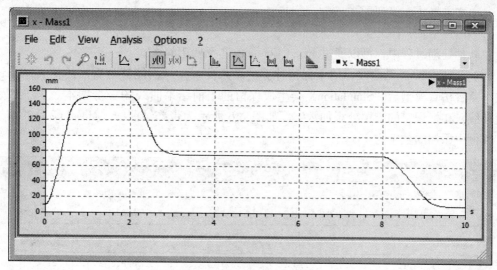

图 7.5 带可见面板的结果窗口

（1）使用元件的上下文菜单。

（2）拖曳模型浏览器中的符号 。

（3）在已有的结果窗口中保存 。

如果一个元件的多个结果协议属性被激活，可以单击鼠标显示相应的结果图。结果图可以在多个窗口中、一个窗口中的多个面板或一个面板中显示。模型视图和 3D 视图中的上下文菜单提供了各个命令来显示结果图： Show All(Single Window)、 Show All(Single Panel)和 Show All(Multiple Windows)。

7.3.2 操作

结果窗口有各种各样的操作命令和菜单命令。使用前，需要十分熟悉 Window 的标准命令及它们的功能。

对于重要命令，软件提供了多种方式如菜单、工具栏等。这可保证，即使菜单栏或工具栏甚至两者都被关闭的情况下，依然可以操作软件。

（1） Load 在结果窗口中读入保存的曲线。

（2） Save 允许在数据媒质上以下列格式之一保存结果窗口中所有显示的曲线：

——文本文件(* . txt)。

——IEEE 二进制(* . bin)。

——ITI SimulationX(* . rfs)。

——CSV(* . csv)。

——DIAdem-Header(* . dat)。

——XML(* . xml)。

（3） Copy 以 3 种格式将选择的曲线(在图例的选择区域或三角形带中显示的)复制到剪贴板上：

——内部格式，用于结果窗口之间的通信。

——文本格式，纵列形式。

——图形格式，图元文件。

在软件处理过程中，可以通过 Insert Contents 选择期望的格式。

（4）❄ Freeze 冻结曲线，用于保留计算的结果曲线，从而能够与后面的仿真结果进行比较。重置仿真模型后，SimulationX 会生成保留的当前结果曲线的一份副本。为了区别于普通曲线，在标识符的末尾处添加数字。如图 7.6 所示为带冻结曲线 x-Mass1（23）的结果窗口。本例中添加的数字为 23。

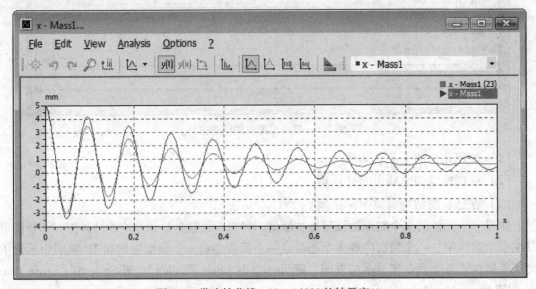

图 7.6　带冻结曲线 x-Mass1（23）的结果窗口

（5）🔍缩放，见 7.3.6 之 3 所述。

（6）📊属性，见 7.3.4 一节所述。

（7）📈图表类型，见 7.3.5 一节所述。

（8）y(t) 图，见 7.3.5 之 4 所述。

（9）y(x) 图，见 7.3.5 之 5 所述。

（10）变换坐标轴。该按钮交换 X 轴和 Y 轴。但是，只有激活窗口中的 y(x) 图时才有效，见 7.3.5 之 5 所述。

（11）快速傅里叶变换（FFT），见 7.3.6 之 4 所述。

（12）以线条表示结果曲线，见 7.3.5 之 6 所述。

（13）以点表示结果曲线-见 7.3.5 之 7 所述。

（14）上包络线，见 7.3.5 之 8 所述。

（15）下包络线，见 7.3.5 之 8 所述。

（16）测量尺，见 7.3.6 之 1 所述。

（17）❌关闭。

（18）Options/Save settings as default 使用该菜单选项，会保存所有的选项设置，并将其用于打开其他任意结果窗口。保存的设置也可以在软件重新启动后使用。

7.3.3 拖曳结果

结果变量可被拖曳，可以拖曳可见的结果变量。为此，用鼠标拖曳期望的结果变量，如图7.7所示。

当抓取(用鼠标)结果变量时，使用一些操作可以十分简单和快速，如下所述。

1. 打开结果窗口

将结果变量拖曳到模型视图中的某处，结果变量便会在一个新的窗口中出现。

2. 移动结果窗口

拖曳结果曲线到一个结果窗口时，有3个可选的区域：面板在当前结果窗口的

模型浏览器中的结果表
结果窗口中的选择框和图例

图7.7 拖曳结果变量

上方、面板在当前结果窗口中，以及面板在当前结果窗口的下方。

（1）插入当前面板的上方。

拖曳结果曲线到结果图的上部区域，见图7.8。这时，会在当前面板的上方插入一个新的面板，如图7.9所示。

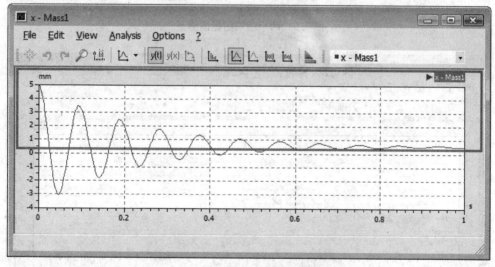

图7.8 新的面板在结果窗口的上方

（2）插入当前面板中。

如果选择图7.10所示的蓝色图标，曲线图将被插入当前面板中。两条曲线就会在一个图表中显示，见图7.11。

（3）插入当前面板下方。

如果拖曳曲线至窗口底部，见图7.12，将会在当前面板下侧生成一个新的面板。曲线会被插入该处。

以同样的方式，可以拖曳一个结果窗口的结果曲线。

当将一条曲线或者一个面板移至结果窗口的外面时，会生成一个新的结果窗口。

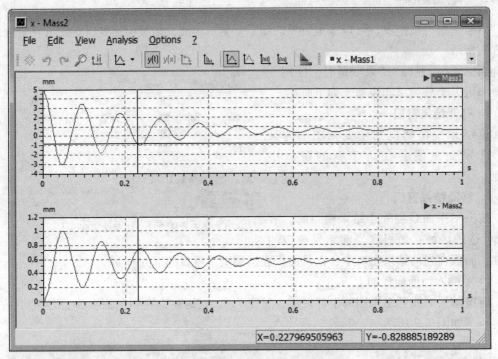

图 7.9　两个结果图标的测量

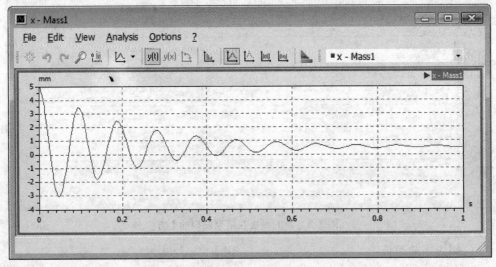

图 7.10　面板在结果窗口中

3. 复制结果变量

按下 Ctrl 按钮，然后按住鼠标不放（光标处出现一个加号），将结果变量拖曳到目标结果窗口中。复制的结果变量会和已有的结果一起出现在目标窗口中。

4. 关闭结果窗口

关闭结果窗口时，会出现警告——所有应用于该结果窗口的所有设置及冻结的结果曲线

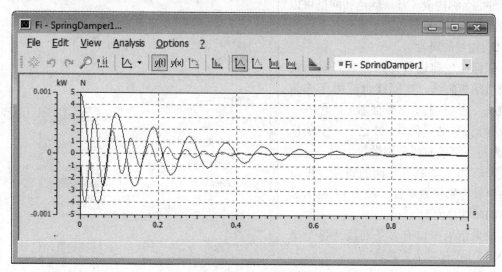

图 7.11　y(t)图：两个结果变量

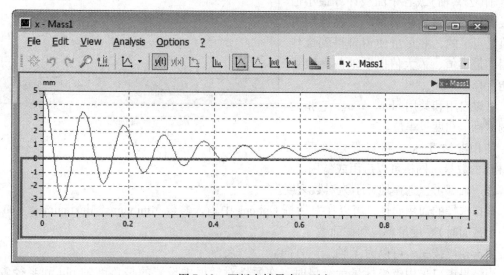

图 7.12　面板在结果窗口下方

将会丢失。若关闭该警告，通过菜单 Extra/Options 打开对话框的 General 页面可以再次激活该警告。

5. 从结果窗口中删除结果变量

如果需要删除窗口中的结果变量，可以直接将结果变量拖曳到 Windows 回收站中，或者使用菜单 Edit/Delete 进行删除。

7.3.4　设置

1. 窗口属性

通过菜单 Options/Properties 或工具条选项 ，打开属性对话框，如图 7.13 所示。

曲线的图例标签(标识符)由结果变量和元件的名称构成。背景颜色和网格可以单独选择。

2. 轴线的属性

任何命令和设置都是针对当前面板中被激活的曲线。这同样也适用于冻结的曲线。可以通过选择面板(蓝色——连续标记)和结果曲线(红色——中断标记)为每条结果曲线分别设置。

X 轴和 Y 轴具有相同的属性。可以为两个轴分别设置属性。图 7.14 显示了 Y 轴的属性页面。

如果结果窗口有多条曲线，各个坐标(X，Y)拥有一个公共轴。

如果选择了 Automatic Scaling，根据所有轴(公共轴)或各个曲线计算最小值和最大值。而且，显示轴时要确保所有的值是可见的，并尽量使窗口得到最佳利用。最小值、最大值以及轴截面数量不能选择。

可以启用和禁用 Show Axes。它指的是刻度标记和度量单位。

使用参数 Ticks，可以设定轴截面(网格)的数量。网格可以启用或禁用。

任一轴都可以选择地显示为对数刻度。

根据选择的通用属性，可以在对话框 Options 中输入参数 Minimum、Maximum（例如，生成一个截面时）、度量单位和截面数量。

单击相应按钮，可以为 Y 轴选定方向。

当结果窗口采用极坐标显示结果时，在属性对话框中设置的是角度轴 phi 和半径轴 r，而不是 X 轴和 Y 轴。此处不需要的参数会被隐藏。角度轴 phi 允许从数学意义上设置坐标原点的位置(度数)。半径轴 r 要求指定极坐标中心的空白区域。

3. 辅助线

评估结果时，参考一些定值(例如，最小值、最大值、均值等)通常是有用的。为在结果窗口中显示这些定值，可以转到页面 Options/Properties /Auxiliary Lines，SimulationX 提供了许多值。除此之外，用户可以通过按钮 New 定义选定的值。这些值会以辅助线的形式和结果一同显示在结果窗口中，如图 7.15 所示。

单击线条并按下按钮 Edit，即可编辑辅助线的颜色、线条样式和线条宽度。

4. 曲线描述的属性

每条曲线都可以具有独自的特性，如颜色、线条样式、宽度以及标记。这些特性可以在

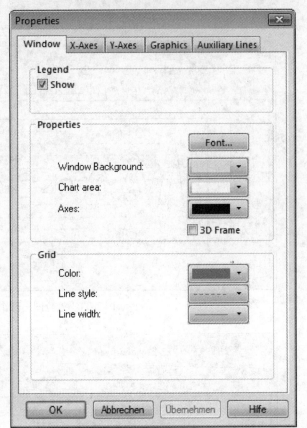

图 7.13　属性对话框

属性对话框页面 Graphics 中进行设置，见图 7.16。通过页面 Window 中的按钮 Font，可以为结果窗口设置字体。

调整曲线图形显示的步骤如下：

（1）从多选框中选择需要用户化的曲线。

（2）为选择的曲线选择需要调整的显示属性。

通过结果窗口中的菜单 View，可以显示成隐藏结果窗口中的标题栏、菜单栏及工具栏。使用这些选项，可以节省桌面的很多空间（当要求同时显示很多结果窗口时非常有优势）。

对话框中 Description 框的作用是说明选择的结果曲线的图例格式。该描述不会改变变量的名称，主要是为了更容易地理解结果的描述。表 7.1 所列是该框内可用的符号格式及其含义。

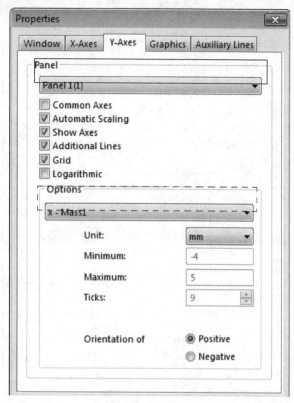

图 7.14　属性对话框中的 Y 轴属性页面

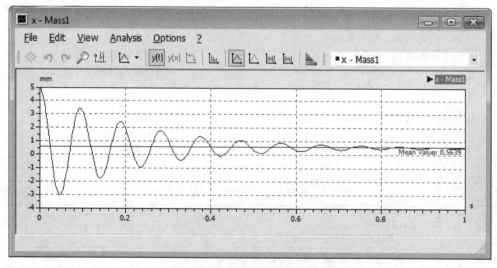

图 7.15　带平均值的结果窗口（辅助线）

参数 number 用于定义数值的显示格式。格式字符串的形式如下：

$$\%\,[\,\text{flags}\,]\,[\,\text{width}\,]\,[\,.\,\text{precision}\,]\,1\text{type}$$

其中，括号中的参数是可选的。参数 flags 的可用格式及其含义见表 7.2。

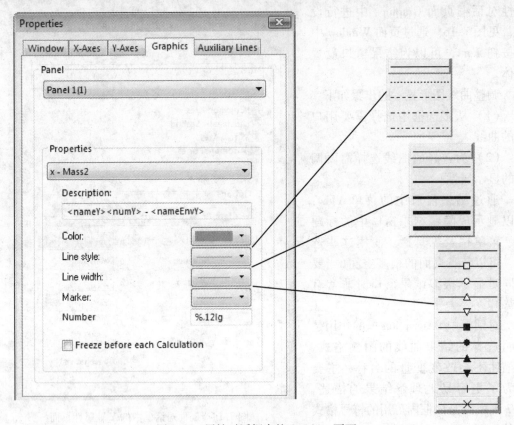

图 7.16　属性对话框中的 Graphics 页面

表 7.1　Description 框中的符号及含义

符　　号	含　　义
< nameX > ，< nameY >	结果变量的名称
< commentX > ，< commentY >	结果变量的注释
< numX > ，< numY >	多维结果变量的曲线下标
< identX > ，< identY >	与模型相关的结果变量的标识符
< nameEnvX > ，< nameEnvY >	元件的名称，其中包含结果变量
< commentEnvX > ，< commentEnvY >	元件的注释，其中包含结果变量
< nameRootX > ，< nameRootY >	关联模型的名称
< commentRootX > ，< commentRootY >	关联模型的注释

表 7.2　参数 flags 的可用格式及其含义

flags 的设置类型	含　　义	默　　认
－	在给定宽度内，结果左侧对齐	右对齐
＋	如果输出值有符号，则为输出值前缀符号("＋"或者"－")	负值时，才出现
空格	如果输出值有符号且为正值，则输出值前缀一个空格；如果有"＋"则忽略空格	没有空格
0	如果宽度的前缀为 0，则需要添加 0 直至达到最小宽度。如果有"－"，则忽略 0	不添加

（续）

flags 的设置类型	含　义	默　认
#	使用 e，E，或者 f 精度格式时，该符号将强制输出值在任何情况下都包含小数点	如果小数点后面有数字，将显示小数点
#	当使用 g，或者 G 精度格式时，该符号将强制输出值在任何情况下都包含小数点，而且不允许省略后面的 0	如果小数点后面有数字，将显示小数点。省略掉后面的 0

参数 Width 为非负十进制整数，用于设定输出特征符号的最小数量。句点"."将宽度参数 Width 和精度参数 precision 分隔开。

参数 precision 为非负十进制整数，它的格式及其含义见表 7.3。

表 7.3　参数 precision 的格式及其含义

precision 的设置类型	含　义	默　认
f	该格式指定小数点前数字的个数，至少存在一个数字。数值四舍五入到合适个数	6
e，E	该格式指定小数点后输出数字的个数。最后一个输出数字按照四舍五入近似	6
g，G	该格式指定显示有效数的最大个数	6

由于默认情况下数值是双精度的，因此要求在 type 前添加前缀符号"1"。参数 type 的可用格式及其含义见表 7.4。

表 7.4　参数 type 的可用格式及其含义

type 的设置类型	含　义	默　认
f	浮点型，格式为：[−]mmm.ddd 小数点前面数字的个数依赖于数值的整数部分；小数点后面数字的个数依赖于要求的精度	—
e，E	浮点型，格式为：[−]m.dddddde ± xxx 或者[−]m.ddddddE ± xxx，其中小数点后数字的个数由参数 precision 来指定	—
g，G	浮点型，按照 f、e 或者 E 格式。数值指数小于 −4 或者大于等于精度参数。如果小数点后面有一个或者多个数字时，省略后面的 0	—

7.3.5　图表类型

使用工具栏上的菜单选项（图 7.17），可以选择图表类型。

1. 线图

线图结果窗口的默认设置如图 7.5 所示，也可以选择 ⊿ Linien 来设置。

2. 条形图

结果变量也可表示为条形图，如图 7.18 所示。单击工具栏上的相应按钮 ⊿ Balken 即可。

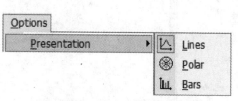

图 7.17　工具栏上的菜单选项

由于在每个输出时间步长处，每个条形的高度都不同(一般来说)，而且结果窗口是不断更新的，所以仿真过程中执行的是一种简单动画。

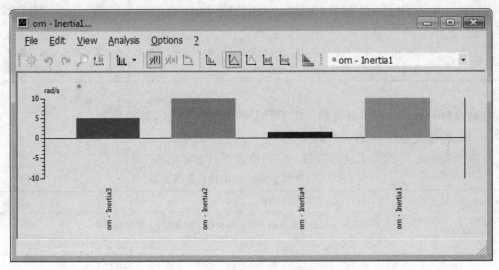

图 7.18　条形图显示的结果窗口

3. 极坐标

某些结果变量采用极坐标表示会更好些。单击 ⊛ Polar　　即可用极坐标显示结果变量，如图 7.19 所示。采用这种表示方式时，X 轴为角度，Y 轴为半径。

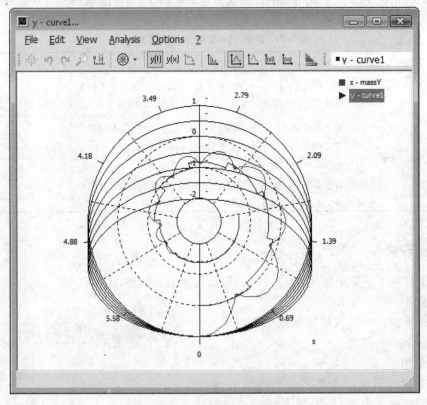

图 7.19　用极坐标显示结果变量

4. y(t)图

单击按钮，即可得到 y(t)图，如图 7.11 所示。其中，结果变量是随仿真时间变化的。

当一个窗口中出现多个具有不同物理含义的结果变量时，软件会自动为每个结果变量生成新的 Y 轴。同样的，这也适用于 X 轴。

5. y(x)图

当结果窗口显示的结果变量个数为偶数时，第二个结果变量可显示为前一个结果变量的变量。图 7.20 以 y(x)图显示了图 7.11。单击按钮，即可获得 y(x)图。使用按钮，可以互换 X 轴与 Y 轴。

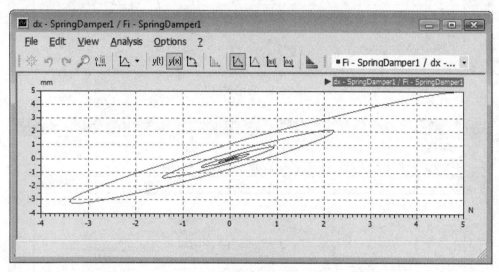

图 7.20　y(x)图

6. 曲线显示

这是结果曲线的默认设置。使用按钮可用来启用和禁用。由于该操作针对当前激活的曲线，所以当结果窗口中有多条曲线时，可以用其暂时隐藏一些曲线，例如如果多条曲线重叠在一起时。

7. 点图显示

单击按钮，显示的是计算得到的数据点，而不是连续线。激活该按钮时，显示数据点如图 7.21 所示。

 提示：必须禁用 Display Line，才能清楚地看到数据点。

8. 包络线

包络线连接局部的最小值和最大值。单击结果窗口上工具栏的按钮可以控制该选项。图 7.22 显示了一条带上下包络线的结果曲线。

7.3.6　特殊功能

除了命令和按钮外，结果窗口还提供了一些在初次打开时无法看到的命令选项。

用鼠标右键单击坐标轴的度量单位，可弹出一个浮动菜单，其中包含了可用于坐标轴的

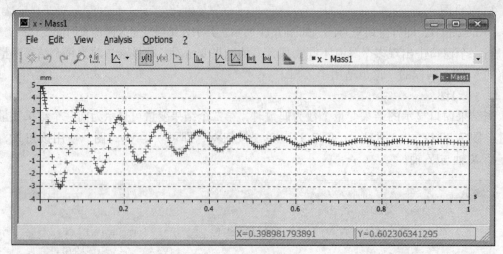

图 7.21　显示数据点

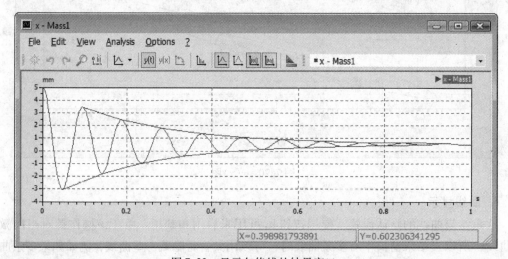

图 7.22　显示包络线的结果窗口

所有度量单位。选择一个新单位，即可改变坐标轴的显示单位，其中包括了数值的转换和为轴更换新标题。

如果窗口中有多个结果，当前结果变量可以通过 Tab 键来改变。当前结果变量可在选择框中给出 ▪ Fi - FDS1 。

如果用鼠标右键单击选择框 ▪ x - mass2 ，打开一个颜色选择窗口。通过选择合适的颜色，可以很容易地改变曲线的颜色。

1. 数值显示（测量曲线）

对于 $y(t)$ 和 $y(x)$ 图表而言，可以获取和显示曲线上任一点的函数值。数值显示的结果窗口如图 7.23 所示。

测量曲线时，可采用如下几种方法：

（1）移动鼠标指针到图上某处，按下鼠标左键。光标变为十字准线，并标记当前点。状态行即会显示该点的 X 和 Y 的值。

（2）按住鼠标不放，沿曲线移动指针，测量值不断得到更新。

⚠ **注意**：这里只显示计算点的数值。

如果数值个数太少，十字准线会逐点跳跃。释放鼠标，十字准线消失。

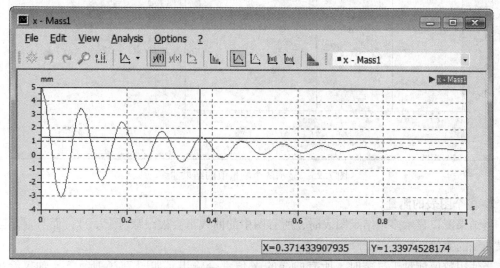

图 7.23　数值显示的结果窗口

使用选项数值测量工具条▉，可以打开一块独立显示数值的区域，如图 7.24 所示。在这种情况下，释放鼠标时，十字准线和测量值依然可见。用鼠标抓取十字准线并沿曲线移动，便可得到其他测量值。显示区域则显示 X 值和 Y 值。

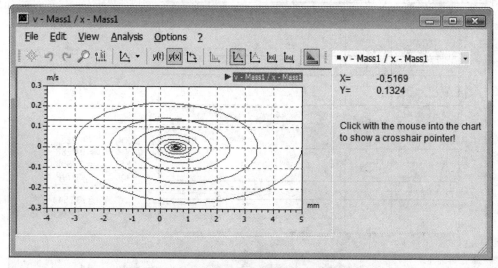

图 7.24　使用数值测量工具条所显示的结果曲线

再次用鼠标点击曲线，会得到第二条十字准线。

显示两个测量值的结果曲线如图 7.25 所示。除了两个测量点的值(X_1, X_2, Y_1, Y_2)，还可用得到两点之间的路径差$(\Delta X, \Delta Y)$和斜率$(\Delta X / \Delta Y)$。

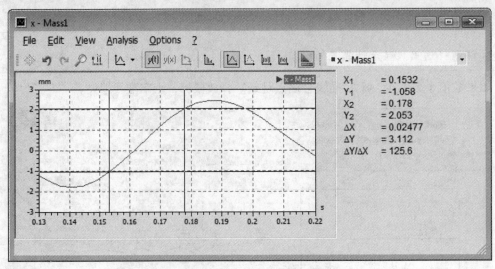

图 7. 25　显示两个测量值的结果曲线

2. 多个图表的测量

当结果窗口显示多个结果图表时，所有图中的曲线都会被跟踪（图 7.9），而且显示当前结果曲线的数值。

当使用数值测量工具条时，所有曲线的 Y 值都会输出，如图 7.26 所示。x 轴仅给出当前激活曲线的数值。

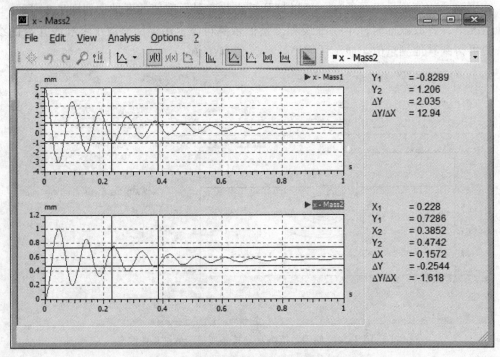

图 7. 26　显示数值测量工具条的两个结果图表

3. 缩放

软件可以近距离观察曲线的某一段。除了使用放大功能交互观察曲线段外，还可以在属性对话框中输入最小值和最大值来截取曲线段，如图 7.14 所示。

使用菜单选项 Zoom 或者按钮 🔍，切换到放大功能。用鼠标在感兴趣的区域拖出一个矩形框即可进行放大，使用放大功能所截取的曲线段，如图 7.27 所示。

单击按钮 ↩ 关闭放大功能。在该步骤中，轴的自动缩放功能将被重新激活。

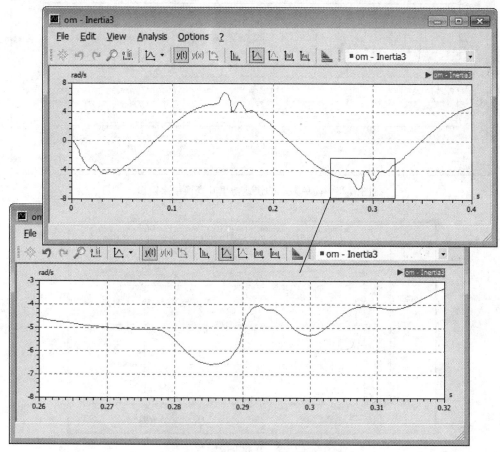

图 7.27　使用放大功能截取曲线段

4. 快速傅里叶变换（FFT）

快速傅里叶变换可以获得给定时间信号（假定为 y(t)图）在频域上的振幅响应。按下按钮 📊 或选择菜单选项 Options /Fast Fourier Transformations（FFT），将计算结果窗口中的任一曲线的振幅谱，并在一个新的结果窗口中显示计算结果。简单振动的快速傅里叶变换结果窗口如图 7.28 所示。

当重置模型后，所有结果窗口的快速傅里叶变换都会被关闭。

5. 复频响应函数

复频响应函数（FRF）的计算通常是评价结构在频域范围内动态响应的基础，复频响应函数的仿真如图 7.29 所示。因此，在信号分析中，频率响应也被用来对比计算结果和试验结果。

一个系统的频响函数代表了两个信号之间的复杂关系（时域内的结果曲线）。它定义为一个信号的傅里叶变换除以另一个信号的傅里叶变换。

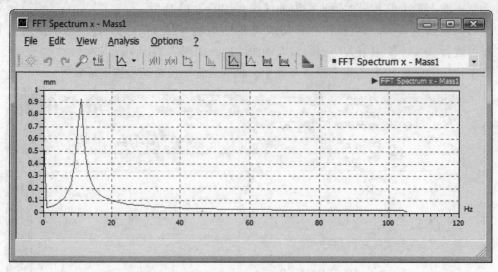

图 7.28　简单振动的快速傅里叶变换结果窗口

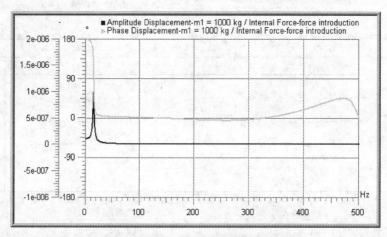

图 7.29　复频响应函数

$$H(\mathrm{j}\omega) = \frac{Y(\mathrm{j}\omega)}{X(\mathrm{j}\omega)} \tag{7.1}$$

其中，X 表示输入信号 2；Y 表示输出信号 1；$H(\mathrm{j}\omega)$ 表示响应函数。

如果复频响应函数是由输出信号（响应）和输入信号（激励）组成，它的物理意义为：频率为 f 的输入信号引起了相同频率的输出运动，输出振幅为输入振幅与 $|H(f)|$ 的乘积，并且输出相位由与输入相关的函数 $\varphi(f)$ 替代。

复频响应函数可以由不同的输入和输出信号的比例获得。下面列举一些实例：

（1）动力挠度（位移对力）。

（2）机动性（速度对力）。

（3）加速能力（加速度对力）。

（4）动力刚度（位移对力）。

（5）阻抗（力对速度）。

（6）谐振质量（力对加速度）。

▶▶▶7.4　打印

本节解释如何将模型和结果整理成为文件，进行打印操作。通过菜单 File/Print Preview，可以打印预览。

7.4.1　打印预览

在菜单 File/Print Preview 中可以对打印输出进行调整，如图 7.30 所示。所有的输入和结果都准备好打印。根据个人的布置要求，可以调整打印排版(打印预览中总是可见的)。

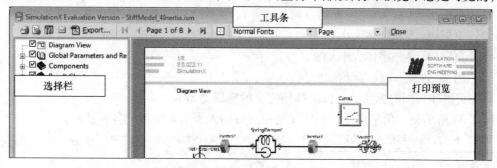

图 7.30　SimulationX 打印预览

1. 选择栏

实际模型的可打印部分都罗列在层级树型视图中，如模型视图、全局参数及其结果、构件，以及结果图。

通过 View 或者 Document structure，可以选择要打印的那些元件。通过标记各个选择框，元件可以在打印预览中显示或隐藏，如图 7.31 所示。

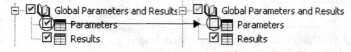

图 7.31　在打印预览中显示或隐藏元件

每次更改都会在打印预览中立刻显示。

在 Document structure 中，根据结构标准，对可打印的构件进行排序。每个选择是针对选定的构件和其从属构件而言。

在 View(视图)中，根据文本标准，对可打印的构件进行排序。

2. 工具栏

工具栏允许进一步设置文档和各种输出选项，如表 7.5 所示。

表 7.5　工具栏的图标及其功能

图　标	功　能	图　标	功　能
	初始化打印程序		以三种文件格式导出:
	设置打印机	Export...	-PDF 文件
	设置页面布局(页面尺寸、来源/方向、边界)		-rtf 格式 -HTML

SimulationX 精解与实例：多学科领域系统动力学建模与仿真

（续）

图 标	功 能	图 标	功 能
✉	发送文档至电子邮箱	Normal Fonts ▾	调整字体大小（5 种尺寸）
⏮ ◀ Page 2 of 8 ▶ ⏭	文档导航栏	Page ▾	打印视图布局选择
⊞	显示/隐藏边缘标记	Close	关闭打印预览

3. 页面设置

单击相应的按钮，可以打开页面设置对话框。可调整下述的页面布局属性，如图 7.32 所示。

（1）页面格式（页面尺寸、页面方向和边界）。

（2）页眉（标签和字体大小）。

（3）页脚（标签和字体大小）。

（4）图案（古典、现代、简约和彩色）。

对于页眉和页脚的标签，可以选择预定义的字段类型。

图 7.33 所示是一份生成的文档。文档中可以插入表 7.6 所列的各种选项。

表 7.6 文档中可插入的选项

选项名称	注 释
页码	当前页页数
奇数页页数	当前的奇数页页数
偶数页页数	当前的偶数页页数
总页数	页数的总个数
文件名	模型的文件名
作者	—
当前日期	当前的日期
当前时间	当前的时间
公司	—
版权	—
软件版本	SimulationX 版本号
发布序号	SimulationX 发布序号
发布序号和日期	带日期的 SimulationX 发布序号
图像文件	打开一个对话框选择图像文件

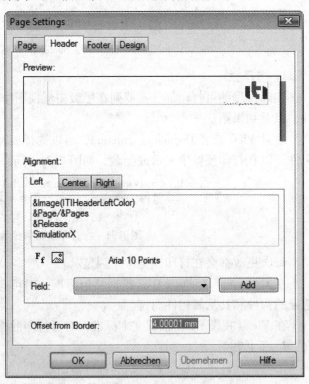

图 7.32 页面设置对话框

7.4.2 用户自定义打印

使用 COM 接口控制的打印驱动程序可以实现用户自定义的打印输出。通过使用脚本，可以生成用户自定义的打印窗体。文档结构可由框架集和图标来构造，也可以包含表格。通过路径可以找到示例。示例中的脚本生成一个模型和一份多页文件，可以在打印预览中看到。

146

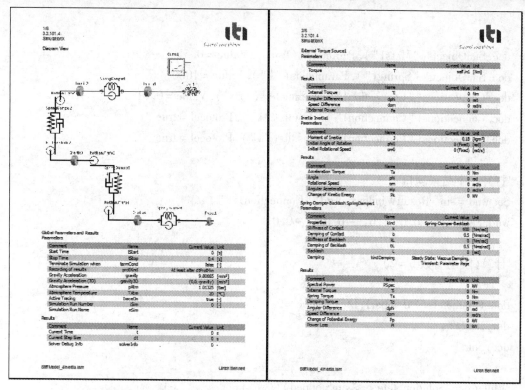

图 7.33　模型的文档示例

"…\ITI SimulationX 2.0\Samples\Scripting\Print _ simple _ model. vbs"

'常数

simStopped = 16

filepath = "C：\Programme\ITI-Software\ITI SimulationX3. 0\Samples\Scripting\"

'新建一个 ITI-SimulationX 新文档

Set sim = CreateObject("iti. sim3")

Set doc = sim. Documents. Add( )

sim. visible = true

'创建一个简单的模型

Set simobj = doc. SimObjects. Add("Mechanics. Translation. Mass" , "Mass1" ,90 ,90)

Set simobj2 = doc. SimObjects. Add("Mechanics. Translation. Spring" ,"Spring1" ,180 ,90)

Set simobj3 = doc. SimObjects. Add("Mechanics. Translation. Damper" ,"Damper1" ,180 ,150)

doc. Connections. Add "Mass1. ctr2" , "Spring1. ctr1" , "Connection1"

doc. Connections("Connection1"). AddLine "Damper1. ctr1" ,145 ,105

```
'参数化

doc. SimObjects("Mass1"). Parameters("m"). Value = 0.5
doc. SimObjects("Spring1"). Parameters("k"). Value = 1000
doc. Connections("Connection1"). Parameters("x0"). Value = 0.01
doc. Connections("Connection1"). Results("x"). Protocol = true
doc. Connections("Connection1"). Results("v"). Protocol = true


'打开一个结果窗口
Set wnd = sim. ResultWindows. Add("Connection1. x")
wnd. SetMinMax 0.0, 1.0, -0.01, +0.01


'计算(阻尼参数 b = 2)

doc. Parameters("Damper1. b"). Value = 2
doc. Reset
doc. Start


While(doc. SolutionState < > simStopped)
    wscript. Sleep(100)
Wend


'打印模型

Set pe = doc. PrintEngine


If pe Is Nothing Then
    MsgBox"无法找到打印引擎"
Else


    '安排打印对象
    pe. Objects. AddSimObject simobj
    pe. Objects. AddSimObject simobj2
    pe. Objects. AddSimobject simobj3
    pe. Objects. AddModelView


    '生成第二页
    set p = pe. Pages. Add


    '插入图片框
```

```
set imgblock = p. Objects. AddBlock
("ImageBlock","Parameters of mass1")
imgblock. LoadImage filepath & "pic1. gif"
' imgblock. PrintName = false
set imgblock1 = p. Objects. AddBlock
("Imageblock",Chr(13)& "Paramter of Spring1")
imgblock1. LoadImage filepath & "pic2. gif"
set imgblock2 = p. Objects. AddBlock
("Imageblock",chr(13)& "Parameter of Damper1")
imgblock2. LoadImage filepath & "pic3. gif"
'插入一个结果窗口
p. Objects. AddResultWindow wnd

'打开打印预览
pe. PrintPreview
```

End If

图 7.34 显示了使用脚本控制打印的结果。第三页中插入的图片是通过抓图程序实现的。页面的结构与脚本中符号的顺序是相对应的。

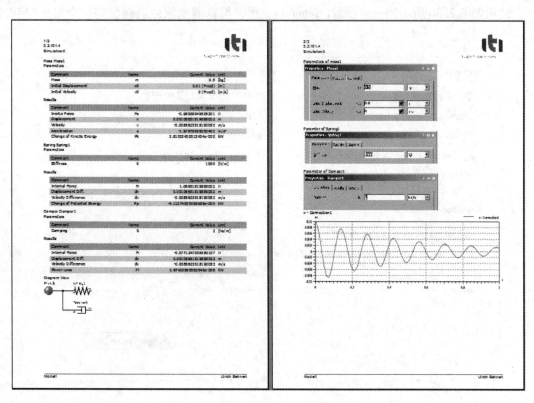

图 7.34　用户自定义打印布局

▶▶ 7.5 Office 接口、导入/导出

SimulationX 提供了许多选项，用于指定软件外的名义变量，以及为其他应用程序提供可用结果。使用 Office 软件（例如 Excel、Access），可以生成数值、特征曲线、特性图或曲线簇，并用其为元件的参数赋值（例如信号发送器）。使用结果窗口可以保存结果变量，并在 Office 软件中进一步应用。CSV 格式尤其合适。

参数输入和结果输出可以经现有的 COM 接口实现。这对仿真运行的自动化十分有帮助。

▶▶ 7.6 通用设置

SimulationX 更多设置可以通过菜单 Extras/Options 来完成，见图 7.35。SimulationX 的安装过程中都设置了默认值，但可以随时对其进行更改。

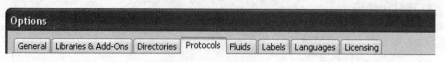

图 7.35 Options 菜单

7.6.1 一般设置

使用如图 7.36 所示的一般设置（General）页面，可以调整软件启动状态、学科库栏和动

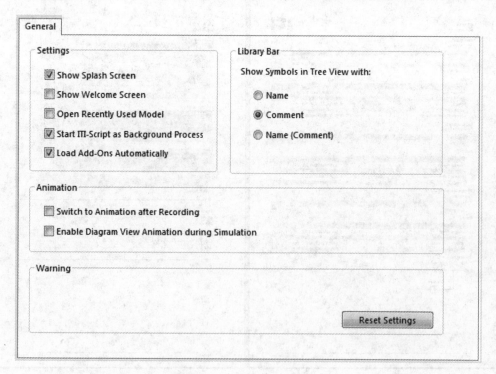

图 7.36 一般设置页面

画显示。使用按钮 Reset Settings ，可以重置所有设置。

7.6.2　学科库和附加库

使用菜单 Extras/Options/Libraries & Add-On，可以从学科库和附加库中进行选择，软件启动时会加载所选择的项目。通过打勾来选择期望的学科库，打勾的学科库和附加库将会被加载，如图 7.37 所示。

Libraries & Add-Ons	
Libraries	Release
☑ Co-Simulation	3.0.0.10 (11/02/07)
☑ Electronics	3.0.0.10 (11/02/07)
☑ Electro-Mechanics	3.0.0.12 (11/02/07)
☑ General Elements	3.0.0.11 (11/02/07)
☑ Hydraulics	3.0.0.12 (11/02/07)
☑ Linear Signal Blocks	3.0.0.10 (11/02/07)
☑ Magnetics	3.0.0.10 (11/02/07)
☑ Linear Mechanics	3.0.0.12 (11/02/07)
☑ MBS Mechanics	3.0.0.14 (11/02/07)

图 7.37　选择学科库

SimulationX 许可决定可以使用哪些学科库。删除没有许可或者不需要的学科库，可以节省资源和减少 SimulationX 的启动时间。

7.6.3　路径

使用菜单 Extras/Options/Directories，可以更改安装 SimulationX 过程中生成的保存路径。路径设置如图 7.38 所示。

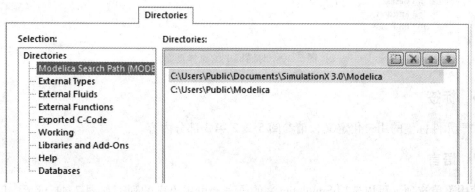

图 7.38　路径设置

可以使用下述按钮对路径进行操作：

- 🔲 添加一个新的路径。
- ❎ 删除选中的路径。
- ⬆⬇ 上下移动路径。

7.6.4 存储

到目前为止，仿真运行期间记录的所有数据都保存在内存中，也可以选择将数据储存在文件系统中。与内存存储相比，目前的硬盘技术和智能缓冲使其能获得几乎相同的存取性能。使用菜单 Extras/Options/Protocols 可以选择存储的位置，如图 7.39 所示。

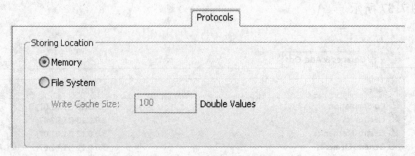

图 7.39　协议存储位置的设置

7.6.5 流体

图 7.40 显示了流体所有可选择的设置。

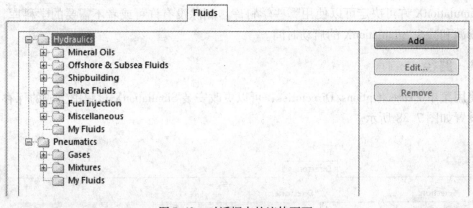

图 7.40　对话框中的流体页面

7.6.6 标签

关于元件标签的用户化定义，请参阅 5.2.2 第 3 部分内容。

7.6.7 语言

使用菜单选项，可以选择 SimulationX 的语言。可用语言的列表如图 7.41 所示。用鼠标单击某种语言，即可使其成为 SimulationX 的语言。

7.6.8 许可

使用菜单 Extras/Options/Licensing，可以切换到另外的许可。单击按钮 Edition change to...，选择其

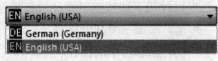

图 7.41　可用语言的列表

后面的目标版本，即可改变许可。

7.6.9 软件的用户化

使用菜单 Extras/Customizing，可以调整 SimulationX 的图形用户界面如命令、工具栏、菜单栏以及其他选项，如图 7.42 所示。

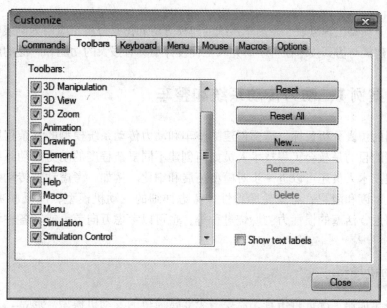

图 7.42 SimulationX 图形用户界面的调整

第8章

典型工程领域的应用案例

本章介绍了典型工程领域 8 个简单系统的建模方法和仿真分析。应用案例表明，多学科领域系统动力学建模与仿真技术在科学研究和工程设计中具有强大的功能和广泛的应用前景。

▶▶8.1 案例1：动力传动系统和整车

根据不同的仿真分析目标，需要创建的整车和动力传动系统模型的复杂程度也应该有所不同。该案例的目的是教会工程技术人员如何创建不同复杂程度的动力传动系统模型。基于该案例，工程技术人员还可以进一步对模型拓展和细化。例如，考虑动力传动系统中不同轴的转动惯量、刚度和阻尼；考虑轮胎特性；考虑详细的发动机模型，能反映曲轴的转动惯量、刚度和阻尼、活塞的惯性力、燃烧过程等；也可以考虑万向节，或者各种详细的液气执行机构等。

8.1.1 发动机模型

为了对整车加速工况进行仿真，需要一个非常简单的发动机模型。通常，发动机可以描述为转矩，而转矩为转速的函数。因此，按照图 8.1 所示创建发动机简化模型。表 8.1 列出了该模型中包含的元件的数量、来源、名称、符号和作用。

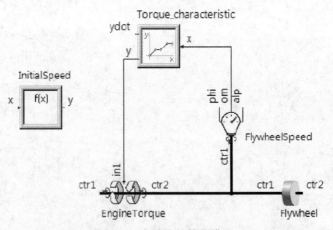

图 8.1　发动机的简化模型

表 8.1　发动机简化模型中元件的个数、来源、名称、符号和作用

元件个数	学 科 库	元件名称和符号	元 件 作 用
1	Mechanics/Rotational Mechanics	Inertia	表示飞轮、离合器和变速器输入轴的转动惯量

（续）

元件个数	学　科　库	元件名称和符号	元　件　作　用
1	Mechanics/Rotational Mechanics	External Torque	发动机转矩，依赖于发动机转速
1	Mechanics/Rotational Mechanics	Sensor	测量发动机转速的传感器
1	Signal Blocks/ Signal Sources	Curve	发动机转速-转矩特性曲线
1	Signal Blocks	f(x)	节气门开度

按照图 8.1 搭建好模型结构后，需要为每个元件输入参数和定义输出的结果变量。表 8.2 列出了各个元件的参数和输出结果变量的定义。

下面运行仿真计算，对发动机模型进行测试。打开飞轮转速的结果窗口，如图 8.2 所示。可以看到，发动机转速不断提高，直到转速-转矩特征曲线定义的最高转速 5000rpm。

表 8.2　发动机模型的参数和输出结果变量的定义

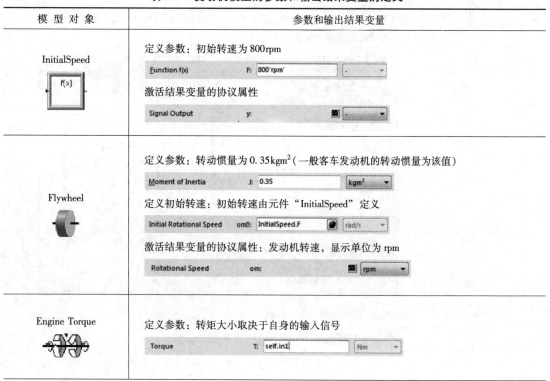

模　型　对　象	参数和输出结果变量
InitialSpeed	定义参数：初始转速为 800rpm Function f(x)　　F: 800*rpm* 激活结果变量的协议属性 Signal Output　　y:
Flywheel	定义参数：转动惯量为 0.35kgm² (一般客车发动机的转动惯量为该值) Moment of Inertia　　J: 0.35　　kgm² 定义初始转速：初始转速由元件 "InitialSpeed" 定义 Initial Rotational Speed　　om0: InitialSpeed.F　　rad/s 激活结果变量的协议属性：发动机转速，显示单位为 rpm Rotational Speed　　om: 　　rpm
Engine Torque	定义参数：转矩大小取决于自身的输入信号 Torque　　T: self.in1　　Nm

（续）

模 型 对 象	参数和输出结果变量
	定义参数：特征曲线的参考变量为自身的输入信号（发动机转速） 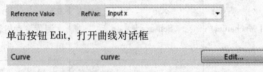 单击按钮 Edit，打开曲线对话框 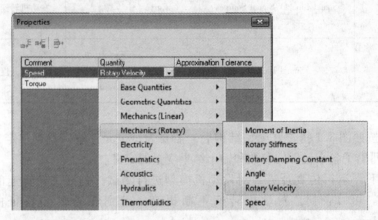 单击按钮，定义曲线坐标轴的名称、物理域和单位
Torque_ characteristic 	为 X 轴命名"Speed"，选择物理域为"Mechanics（Rotary）/ Rotary Velocity"以及单位为"rpm" 为 Y 轴命名"Torque"，选择物理域为"Mechanics（Rotary）/ Torque"以及单位为"Nm" 输入曲线值：转速-转矩曲线 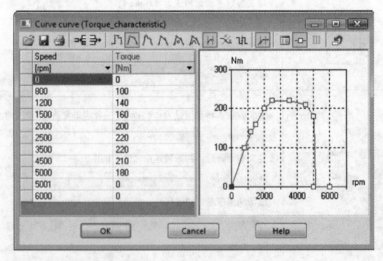 激活结果变量的协议属性：转矩

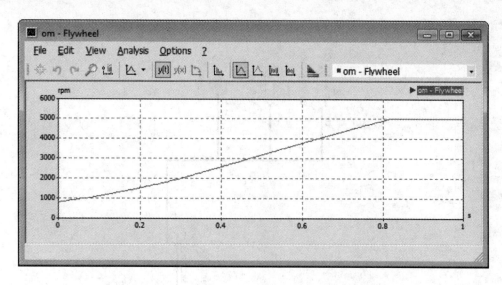

图 8.2 发动机转速从 800rpm 增加到最高转速 5000rpm 的仿真结果

8.1.2 动力传动系统模型

在发动机模型的基础上，继续建模整车的其他部分：变速器（一挡）、差速器、车轮、整车质量和由空气阻力和滚动阻力构成的行驶阻力。

首先重置仿真计算，然后搭建如图 8.3 所示的动力传动系统模型。表 8.3 列出了动力传递系统模型中新添加的元件的个数、来源、名称、符号和作用。表 8.4 列出了新的参数和输出结果变量的定义。修改模型的仿真时间为 5s。

在进行车辆的加速测试之前，首先打开离合器摩擦状态、发动机转速、整车速度和整车加速度的结果窗口，然后运行仿真计算。结果如图 8.4 和 8.5 所示。从图 8.4 可以看出，发动机转速保持恒定直至离合器完全闭合。由于滑动转矩和初始发动机转矩相同，因此发动机转速保持恒定。而且借助于离合器，发动机转矩可全部用来加速车辆。离合器闭合后，车辆保持加速直到达到最大发动机转速。从图 8.5 可以看出，车辆从 0 一直加速到 50km/h。在离合器闭合前，车辆具有恒定的加速度。离合器闭合后，加速度首先下降，这是因为除了飞轮转动惯量之外，还有整车需要加速。直到发动机转速达到最高时，车辆停止加速。

下一步观察高挡位的加速情况。选择高挡位时，车辆一般处于较高的行驶速度。因此，这里给整车赋一个初始速度 100km/h。表 8.5 列出了参数的修改情况。修改模型的仿真时间为 30s。重置模型后，运行仿真计算，图 8.6 所示为计算结果。从图中可以看出，加速度比前面低挡的要小很多。一旦达到挡位的上限（这里是 170km/h），停止加速。

再进一步研究空气阻力对车辆加速性能的影响。将空气阻力系数由原来的 0.31 改为 0.36，然后再重新运行仿真。比较修改前后的结果，如图 8.7 所示。可以看出，增加了空气阻力系数后，整车的加速度稍微下降，获得最高车速的时间推迟了近 2s。

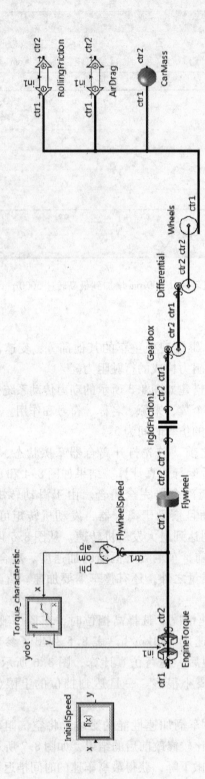

图 8. 3　动力传动系统模型

表 8.3　动力传递系统模型中新添加的元件

元件个数	学 科 库	元件名称和符号	元件作用
1	Mechanics/Rotational Mechanics	Rigid Friction	离合器
2	Mechanics/Rotational Mechanics	Gear	选择的挡位和差速器的传动比
1	Mechanics/Rotational Mechanics	Rotational-Linear Transformation	车轮
1	Mechanics/Linear Mechanics	Mass	整车质量
2	Mechanics/Linear Mechanics	External Force	行驶阻力(空气阻力 + 滚动阻力)

表 8.4　动力传动系统模型的参数和输出结果变量的定义

模 型 对 象	参数和输出结果变量
Clutch	定义参数：黏着状态突变转矩应该比发动机的最大转矩大，因此，这里设置为 300Nm。为了使发动机转矩在初始转速处(800rpm)足够大，这里设置为 100Nm Sticking Friction Torque　Tst: 300　Nm Slipping Friction Torque　Tsl: 100　Nm 激活结果变量的协议属性：离合器结合状态 State of Friction　sf:
Gearbox	定义参数：一挡的传动比 3.32 Kind　kind: Ratio om1/om2 Ratio om1/om2　i_12: 3.32
Differential	定义参数：差速器的传动比为 4 Kind　kind: Ratio om1/om2 Ratio om1/om2　i_12: 4
Wheel	定义参数：车轮半径为 0.35m Kind　kind: Translational-Rotational Transmission Ratio (v/om)　i_TR: 0.35　m/rad

（续）

模 型 对 象	参数和输出结果变量
CarMass	定义参数：整车质量为1.4t Mass m: 1400 kg 激活输出的结果变量的协议属性：车速、车辆加速度 Velocity v: km/h Acceleration a: m/s²
AirDrag	定义参数：空气阻力（必须是国标单位） Force F: 0.31*2.2*1.199*CarMass.v N 0.31*2.2*1.199*CarMass.v^2/2
RollingFriction	定义参数：滚动阻力 Force F: 0.01*gravity*CarMass.m N

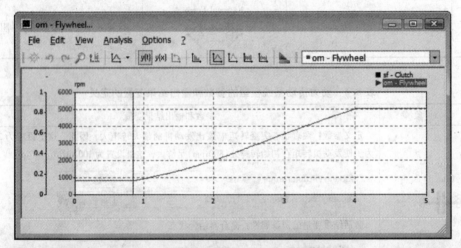

图 8.4　离合器摩擦状态和发动机转速仿真结果

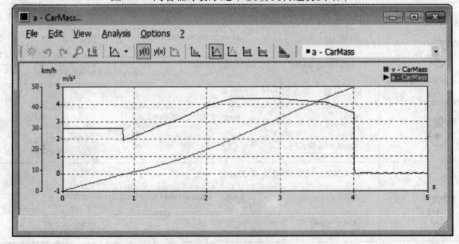

图 8.5　整车速度和整车加速度仿真结果

表 8.5　参数修改情况

模 型 对 象	参　　数
Gearbox	定义参数：假设从四挡开始，传动比为 0.97 Ratio om2/om1　　　i_21: 0.97
CarMass	定义参数：整车的初始速度为 100km/h Initial Velocity　　　v0: 100　　km/h

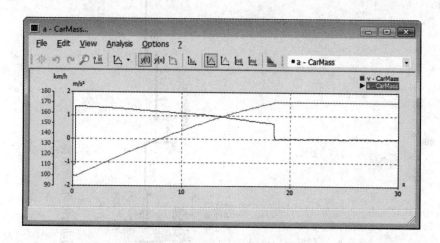

图 8.6　在 100km/h 进行换挡后的整车速度和整车加速度

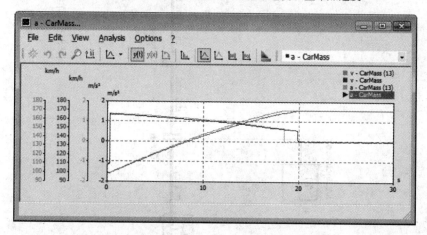

图 8.7　不同空气阻力系数下车辆加速性能的仿真结果

▶▶8.2　案例 2：变速器的噪声分析

该案例研究一个比较特殊的问题，即变速器的噪声问题。在变速器中，噪声的来源主要有两大类：由齿侧间隙引起的"卡塔"声（Rattling）（下面简称 Ⅰ 类噪声）和在负载下由齿轮啮合引起的嘶叫声（Whining）（下面简称 Ⅱ 类噪声）。齿轮啮合可以激励系统的高阶频率。

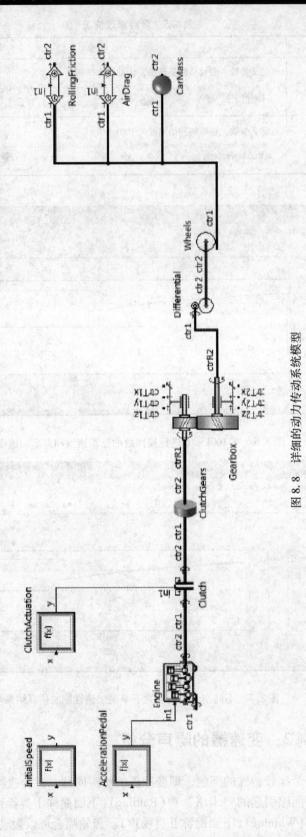

图 8.8　详细的动力传动系统模型

研究这类问题时需要对系统进行详细建模。首先，需要采用不同于案例 1 的发动机模型。这是因为，在气缸的压缩和燃烧过程中，转矩会发生改变，从而导致发动机旋转不平稳，而这就会引起变速器的噪声。对于变速器模型，需要考虑齿侧间隙、齿轮刚度和啮合等因素。

8.2.1 I 类噪声的仿真

假设变速器的输入输出轴之间只有一个传动比，例如，用于前驱的车辆，则可以创建如图 8.8 所示的动力传动系统模型。与案例 1 中图 8.3 所示的模型相比，新添加元件的个数、来源、名称、符号和作用如表 8.6 所示。表 8.7 中列出了新添加元件的参数和输出结果变量的定义，以及已有元件的相应修改。

表 8.6 新添加的元件

元件个数	学 科 库	元件名称和符号	元 件 作 用
1	Power Transmission/Motors and Engines	Combustion Engines	发动机模型，能够描述每个气缸中的燃烧过程的影响
2	Signal Blocks	f(x)	等效于加速踏板和离合器踏板信号
1	Power Transmission/Couplings and Clutches	Disc Clutch	表示踏板操控的单盘干式离合器
1	Mechanics/Rotational Mechanics	Inertia	离合器盘、变速器输入轴以及连接离合器和变速器两个元件之间辅助元件的转动惯量
1	Power Transmission/Transmission Elements	Gear	齿轮接触的详细模型，其中包含刚度、阻尼和齿侧间隙

表 8.7 新添加元件的参数和输出结果变量的定义以及已有元件的参数修改

模 型 对 象	参数和输出结果变量
Engine	定义参数：4 缸发动机，额定功率 99kW，额定转速 4500rpm，发动机输出轴的转动惯量（不包括飞轮）0.35kgm²，初始转速由 InitialSpeed 确定

Injection	inj:	in1	-
Nominal Power	Pn:	99	kW
Nominal Speed	omn:	4500	rpm
No. of Cylinders	nz:	4	
Inertia	J:	0.35	kgm²
Initial Speed	om0:	InitialSpeed.F	rad/s

（续）

模型对象	参数和输出结果变量

AcceleratorPedal

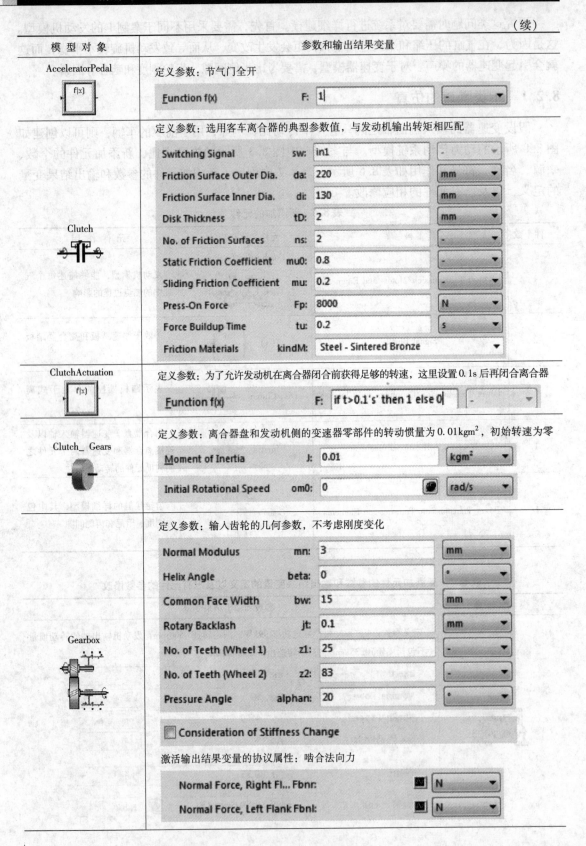

定义参数：节气门全开

| Function f(x) | F: | 1 | - ▾ |

Clutch

定义参数：选用客车离合器的典型参数值，与发动机输出转矩相匹配

Switching Signal	sw:	in1	- ▾
Friction Surface Outer Dia.	da:	220	mm ▾
Friction Surface Inner Dia.	di:	130	mm ▾
Disk Thickness	tD:	2	mm ▾
No. of Friction Surfaces	ns:	2	- ▾
Static Friction Coefficient	mu0:	0.8	- ▾
Sliding Friction Coefficient	mu:	0.2	- ▾
Press-On Force	Fp:	8000	N ▾
Force Buildup Time	tu:	0.2	s ▾
Friction Materials	kindM:	Steel - Sintered Bronze	▾

ClutchActuation

定义参数：为了允许发动机在离合器闭合前获得足够的转速，这里设置0.1s后再闭合离合器

| Function f(x) | F: | if t>0.1's' then 1 else 0 | - ▾ |

Clutch_ Gears

定义参数：离合器盘和发动机侧的变速器零部件的转动惯量为 0.01kgm^2，初始转速为零

| Moment of Inertia | J: | 0.01 | kgm² ▾ |
| Initial Rotational Speed | om0: | 0 | rad/s ▾ |

Gearbox

定义参数：输入齿轮的几何参数，不考虑刚度变化

Normal Modulus	mn:	3	mm ▾
Helix Angle	beta:	0	° ▾
Common Face Width	bw:	15	mm ▾
Rotary Backlash	jt:	0.1	mm ▾
No. of Teeth (Wheel 1)	z1:	25	- ▾
No. of Teeth (Wheel 2)	z2:	83	- ▾
Pressure Angle	alphan:	20	° ▾

☐ Consideration of Stiffness Change

激活输出结果变量的协议属性：啮合法向力

| Normal Force, Right Fl... Fbnr: | | N ▾ |
| Normal Force, Left Flank Fbnl: | | N ▾ |

(续)

模 型 对 象	参数和输出结果变量
Differential	定义参数：传动比为4。由于变速器简化为一对啮合齿轮，因此导致输出和输入反向，为此这里添加一个负号使得车辆前进行驶 Ratio om2/om1　　i_21: -4
CarMass	定义参数：车辆初始值为零 Initial Velocity　　v0: 0　　m/s 激活输出结果变量的协议属性：车速和车辆加速度 Velocity　　v:　　km/h Acceleration　　a:　　m/s²

将仿真时间和最小输出步长分别设为 5s 和 0.0001s。后者是为了保证高频零部件能够正确地显示出来。运行仿真，结果如图 8.9、图 8.10 和图 8.11 所示。前者为计算得到的发动机转速仿真曲线，后两者为计算得到的变速器的齿轮啮合力变化曲线。

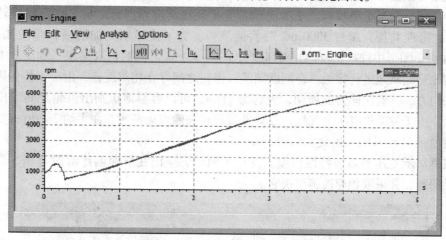

图 8.9　发动机转速仿真结果

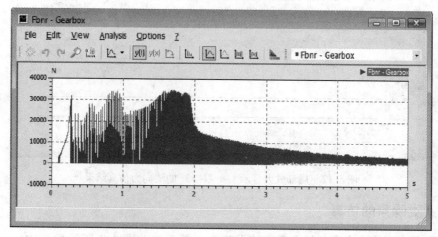

图 8.10　变速器齿轮右侧啮合面的法向力(驱动端)仿真结果

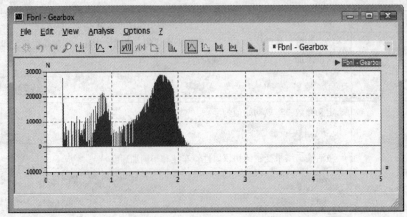

图 8.11 变速器齿轮左侧啮合面的法向力仿真结果

显然，发动机转速首先增加，直至离合器开始闭合。然后，发动机转速下降，直到离合器完全闭合。离合器传递的转矩使车辆开始加速行驶。观察齿轮啮合力可以发现，在左侧和右侧齿轮啮合面上存在法向力。由于变速器齿轮之间存在间隙，也就是说，在变速器运转期间，齿轮之间会产生Ⅰ类噪声。Ⅰ类噪声首先出现在离合器闭合之后。在发动机转速约为 2700rpm 时出现共振，超过 3300rpm 时共振消失。为了使显示更加清晰，将图 8.10 和图 8.11 放在一个图形中进行比较，并局部放大 1.8～1.83s 之间的仿真结果，如图 8.12 所示。显然，齿轮是间歇地进行接触。在间歇期间，齿轮之间存在相对旋转，由于不接触因此也就不存在法向力。察看法向力的周期，大约为 11ms，可以容易地识别出齿轮之间发出Ⅰ类噪声的原因。由于发动机有 4 个气缸，故曲轴每旋转一圈点火两次。在大约 2800rpm 处，这些脉冲出现的频率为 93Hz，因此大约为 11ms。

该案例显示变速器运转特性较差。设计车辆时，应该在早期设计阶段运用 SimulaitonX 发现这类问题，并采取相应措施解决它。

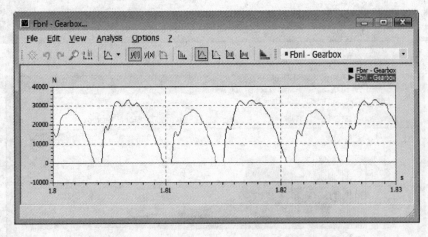

图 8.12 局部放大显示 1.8～1.83s 的法向力仿真结果

8.2.2 Ⅱ类噪声的仿真

为了发现由齿轮啮合引起的Ⅱ类变速器噪声，需要修改图 8.8 所示模型中的一个参数，如表 8.8 所示。运行仿真后，与图 8.12 所示结果窗口中的法向力相对应，修改参数后计算得到的法向力(局部放大)如图 8.13 所示。显然，变速器中有一个零部件具有明显的高频。通过测量可得，两个相邻的峰值点之间的距离约为 0.85ms，也就是 1.18kHz 作为基础频率。为了进一步确认是由于齿轮啮合引起的 II 类噪声，可以计算出，发动机每转一圈有 25 个齿参与啮合。因此，当发动机转速 2800rpm 时，频率为 1.18kHz。

表 8.8　需要修改的变速器参数

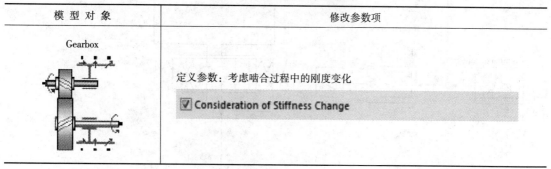

模 型 对 象	修改参数项
Gearbox	定义参数：考虑啮合过程中的刚度变化 ☑ Consideration of Stiffness Change

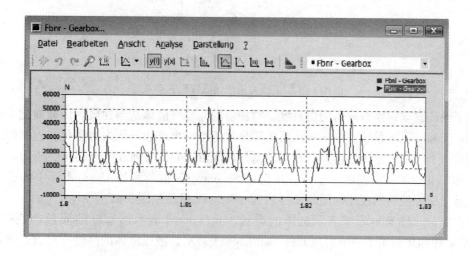

图 8.13　显示 I 类噪声和 II 类噪声的法向力的局部放大

▶▶8.3　案例 3：液压伺服驱动器

由于结构紧凑和良好的可控性，基于位置控制的液压伺服驱动器被广泛应用于各种行业的自动化设备。带一个质量块和一个载荷的伺服驱动器结构是理想化的情况。当伺服驱动器应用于一个复杂的机械系统时，其性能要受机械零部件的显著影响。在这种情况下，液压伺服驱动器的设计必须考虑机械系统动力学问题，尤其是控制回路的设计。

如图 8.14 所示的恒定压力供给伺服液压驱动系统，闭环位置控制回路中有一个双活塞杆液压缸和一个三位四通控制阀。在该案例中，位置控制回路使用一个比例控制器。当然，SimulationX 可以方便地实现更复杂的控制结构、控制器参数的调整和非线性的控制(例如开关积分器)，具体方法这里不加以说明。

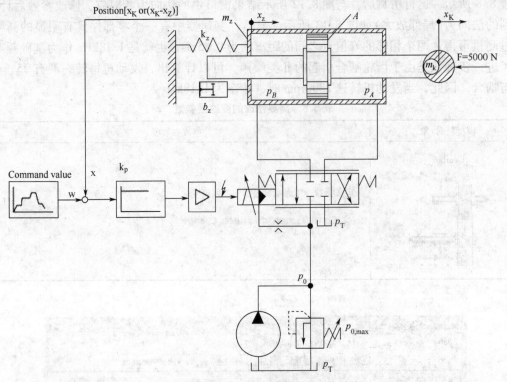

图 8.14　恒定压力供给伺服液压驱动系统

为了保证驱动特性有较高的仿真度，对相应的元器件应该适当建模，因此简化了控制阀的控制系统和液压泵系统。恒压液压泵的工作状态被一个理想的压力源替代，控制阀的动态特性使用一个二阶传递函数模拟。对双活塞杆液压缸、4/3 比例方向控制阀、压力源、流量（"VA"和"VB"）和储液器的建模，直接选用 SimulationX 的学科库 Hydraulics 中的模型对象即可。基于位置控制的液压伺服驱动器的 SimulationX 模型如图 8.15 所示。

模型中，元件 mhousing 表示缸体的质量，元件 mrod 表示活塞杆的质量（包括载荷质量），活塞杆和载荷质量的重力用元件 load force 来表示，液压缸体的弹性支撑通过弹簧阻尼元件 k、b 来模拟。

使用一个机械状态量传感器 Sensor 来测量活塞杆的位置，测出的实际位置和命令值比较，产生的误差信号 xw 传给控制器（使用增益系数 kp 比例放大误差信号）。控制阀的动态特性通过 valve dynamics 简化描述。

设置仿真时间为 2s。激活活塞杆的速度和加速度结果变量的输出协议属性，然后运行瞬态仿真。图 8.16 和图 8.17 分别为得到的活塞杆的位移和加速度仿真结果。改变质量块、比例控制器的增益系数和其他参数，可以使用 SimulationX 中的变量分析向导实现参数优化，从而优化和设计液压伺服驱动系统。

通过上面简单的应用实例可以看到，在研发新型液压驱动器的早期阶段，可以有效地使用类似于 SimulationX 的多学科领域系统动力学建模与仿真软件，来研究液压驱动器结构中复杂的机械零部件和控制回路等问题。

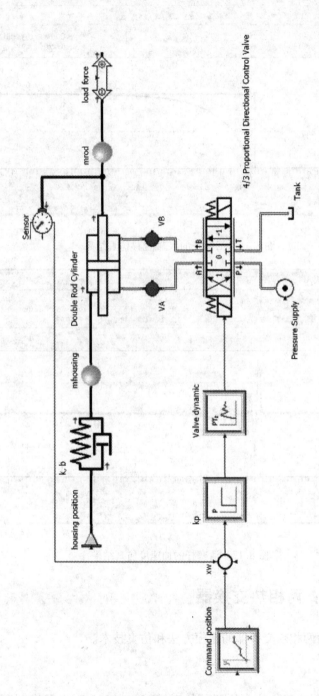

图 8.15　基于位置控制的液压伺服驱动器的 SimulationX 模型

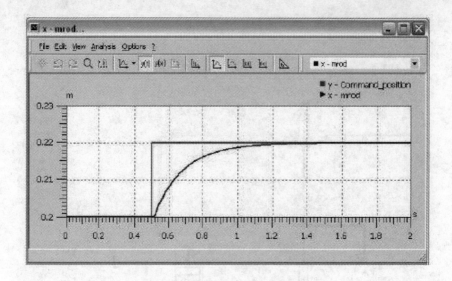

图 8.16 活塞杆的 X 轴位移仿真结果

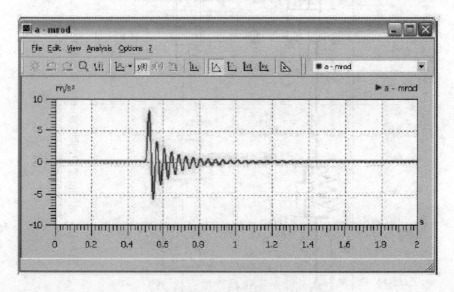

图 8.17 活塞杆的加速度仿真结果

▶▶8.4 案例 4：两相热交换器

通过本案例来介绍两相热交换器的建模方法和仿真技术。

8.4.1 开环系统

按照图 8.18 所示创建两相热交换器的仿真模型。表 8.9 列出了模型所用元件的数量、来源、名称、符号和作用。在任一连接上单击鼠标右键，在弹出的上下文菜单中选择属性选项，打开属性对话框，设置流体类型为"水"。模型参数和输出结果变量的定义如表 8.10 所示。

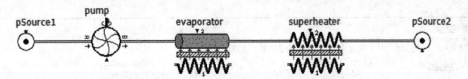

图 8.18　两相热交换器的仿真模型

表 8.9　模型所用元件的数量、来源、名称、符号和作用

元 件 数 量	学科库名称	元件名称和符号	作　　用
2	Thermal-Fluid	pSource	提供压力
1	Thermal-Fluid	Pump	转换器
1	Thermal-Fluid	Evaporator	蒸发器
1	Thermal-Fluid	Superheater	热交换器

表 8.10　模型中元件的参数和输出结果变量的定义

模 型 对 象	参数和输出结果变量
pSource1	定义参数：默认值。注意，进入蒸发器中的流体假设为纯流体，因此，这里不需要指定蒸汽质量 **Source type** ☑ Fix pressure ☑ Fix temperature **Parameters** ☐ Specify Vapor Quality Pressure　pSrc: 1.01325　bar Temperature　TSrc: 25　℃
pump	定义参数：转换类型为默认的压缩方式 **Transformation Type**　trans: Compression 定义参数：选择质量流 **Flow Configuration**　flow1: Mass Flow 定义参数：质量流为 0.6 kg/min **Mass Flow from A to B**　Qm0: 0.6　kg/min

（续）

模型对象	参数和输出结果变量
evaporator	定义参数：热能为 30kW，其他为默认值 Specification Mode　　mode:　Heat power specified　▼ Heat Power Setting　　Pw0:　30｜　　　kW　▼ 激活输出结果变量的协议属性：热传递 Heat transferred from sid... phi:　　W　▼
superheater	定义参数：热能为 5kW，其他为默认值 Specification Mode　　mode:　Heat power specified　▼ Heat Power Setting　　Pw0:　5　　　kW　▼ 激活结果输出变量的协议属性：热传递 Heat transferred from sid... phi:　　W　▼
pSource2	定义参数：假设压力恒定为 8bar[①] ☑ Fix pressure ☐ Fix temperature Pressure　　pSrc:　8　　bar　▼
connection2	定义参数：温度的初始值为 25℃，压力初始值为压力源 pSource2 的压力值 Initial Pressure　　p0:　pSource2.pSrc　Pa　▼ Initial Temperature　　T0:　25　　℃　▼
connection3	定义参数：温度的初始值为 25℃，压力初始值为压力源 pSource2 的压力值 Initial Pressure　　p0:　pSource2.pSrc　Pa　▼ Initial Temperature　　T0:　25　　℃　▼
Simulation properties	定义参数：仿真参数为 200s Stop Time　　tStop:　200　　s　▼

注：$1bar = 10^5 Pa$。

参数设置完毕，即可运行仿真。图 8.19 所示为得到的蒸发器和加热器中传递的热流量仿真结果。至此，开环系统的模型创建完毕。

8.4.2　测试模型

为了验证结果的正确性，下面介绍如何进行一些平衡测试。可以验证，热熔是否增加与传递的热流量相对应。为此，需要添加一些状态传感器和两个函数方块元件，如图 8.20 所示。表 8.11 列出了新添加的元件的参数和输出结果变量的定义，其他参数值采用默认值。运行仿真，得到的仿真结果如图 8.21 所示。可以看出，系统稳定后达到能量平衡，表明前面创建的两相热交换模型正确。

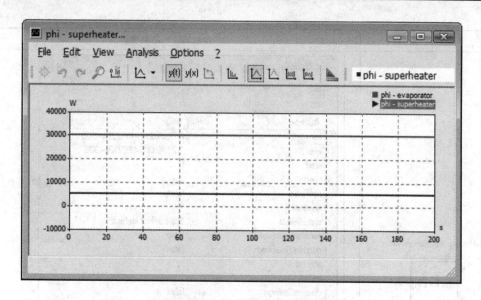

图 8.19　蒸发器和加热器中传递的热流量仿真结果

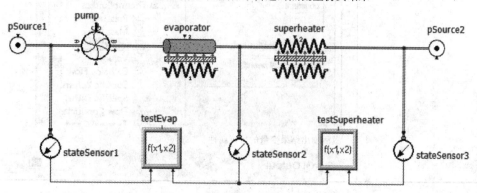

图 8.20　添加了新元件的模型结构

表 8.11　新添加的元件的参数和输出结果变量的定义

模 型 对 象	参数和输出结果变量
stateSensor1，stateSensor2，stateSensor3	定义参数：设置输出信号为比焓 Output signal　　　var_out1:　　Specific enthalpy
testEvap，testSuperheater	定义参数：检测通过热交换器（蒸发器和加热器）的质量流 Function f(x1,x2)　　　F:　　pump.Qm*(self.x2-self.x1)

（续）

模 型 对 象	参数和输出结果变量
testEvap, testSuperheater 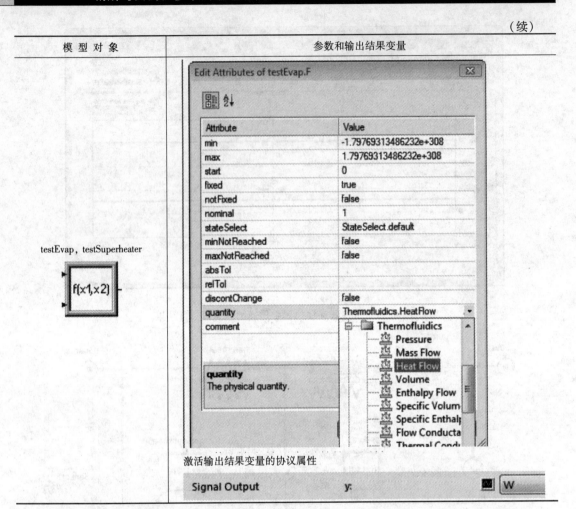	激活输出结果变量的协议属性

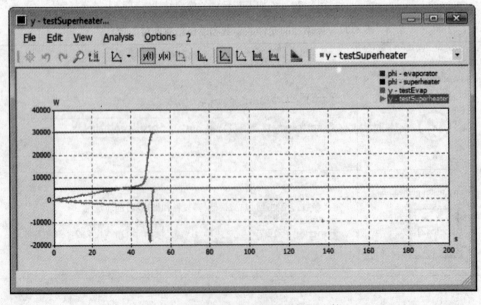

图 8.21　热流量和热熔流量增加的比较

▶▶8.5　案例 5：多体动力学动态仿真

通过本案例来介绍多体动力学的建模方法和仿真技术。这里以一个简单的机器人模型为例。该模型包括两个机械手臂和简单的运动学驱动变量。这个练习的开始，是创建基本的多刚体系统(MBS)结构，其中包括两个通过旋转关节连接的刚性机械手臂。旋转关节的驱动变量既适用于 1D 驱动模型，也适用于 3D 机器人模型。机器人手臂的运动通过定义独立的转角曲线来进行控制。

仿真计算模型后，可以获得驱动转矩、关节力以及 TCP 轨迹等结果。这些结果可用于进一步的机器人设计研究。

8.5.1　机器人 MBS 模型

机器人 MBS 模型可以显示为 1D 结构或者 3D 结构，如图 8.22 所示。

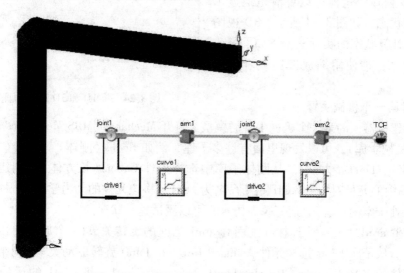

图 8.22　机器人多体动力学 1D 和 3D 模型

该模型的创建需要用到以下三个学科库中的部分元件：

（1）Mechanics/MBS Mechanics Library(机械学库/MBS 机械学库)：

——Rigid Bodies/Cuboid(刚性体/长方体)，用于机械手臂建模。

——Joints/Actuated Revolute Joint(关节/驱动关节)，用于连接机械手臂和定义模型的自由度。

——AbsoluteKinematicSensor(绝对运动传感器)，用于监控 TCP 轨迹。

（2）Mechanics/Rotary Mechanics Library(机械学库/旋转机械学库)：

——Constraint(约束)，用于实现两个关节间的运动驱动。

（3）Signal Blocks Library(信号方块库)：

——Signal Sources/Curve(信号源/曲线)：用于定义机器手臂的运动。

8.5.2　创建步骤

1. 设置 SimulationX 工作环境

如果想要创建机器人的 3D 模型，这就意味着除了 1D 的结构视图显示外，还应该有三维显示功能。通过菜单中的选项 Window/ New 3D view 可以打开一个新的三维显示窗口，具体操作如图 8.23 所示。

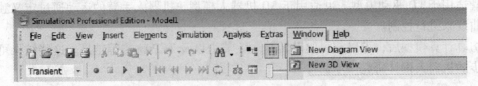

图 8.23　打开新的三维显示窗口

建议选用两个垂直窗口的方式来分别显示 1D 和 3D 窗口，这样可以更清楚地显示模型的实际状态，如图 8.24 所示。3D 视图中仅显示非计算状态的实际模型。如果修改没有显示出来，请使用缩放按钮或者重置模型。

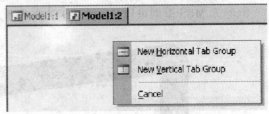

图 8.24　将 1D 和 3D 窗口垂直排列

2. 创建第一个机械手臂

首先创建机器人的第一个机械手臂的模型。打开 Mechanics/MBS Mechanics Library（机械学库/MBS 机械学库），可以发现里面有许多子库，例如 Bodies（刚体）、Joints（关节）、Constraints（约束）、Forces（力）等。从刚体子库中选择元件 Cuboid（长方体），创建该手臂。将1D 结构视图中的元件对象 cuboid1 重新命名为 arm1。将该元件的动力学端口固定（动力学连接端口 ctr1 处于空闲状态），运行瞬态仿真，可以测试这一状况。

机械手臂 arm1 通过一个连接在地面和 arm1 之间的旋转关节（1 个旋转自由度）来定义它的自由度。从子库 Joints 选择元件 Actuated Revolute Joint（旋转驱动关节）到结构视图窗口中。将该元件的名称由 actuatedRevoluteJoint1 重命名为 joint1。将 joint1 的运动学连接端口ctr2（实心）与 arm1 的动力学连接端口 ctr1（空心）连接在一起，如图 8.25 所示。将 3D 视图窗口的显示格式设为 wireframe（框架），即可看到所有构件。

图 8.25　第一个机械手臂 arm1 的模型（1D 和 3D 两种显示）

3. 定义参数

参考前一个元件的坐标系（这里等于空闲的动力学连接端口的原点坐标系），来定义关节的位置和方向。此时，位置和方位保持不变，只是选择 Y 坐标轴作为旋转关节的旋转轴，如图 8.26 所示。

可视化的定义主要包括半径、长度、颜色和透明度等参数。这里定义关节的半径为50mm，长度为130mm，如图8.27 所示。这样，关节就显示为一个沿 Y 轴旋转而成的圆柱体，它的长度和半径能够更好地与机械手臂尺寸相匹配。

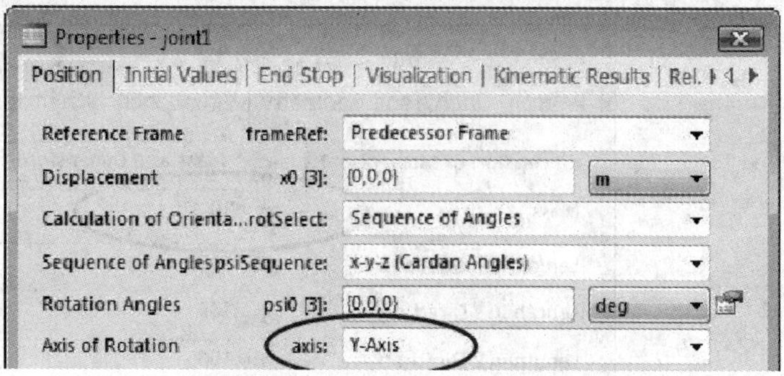

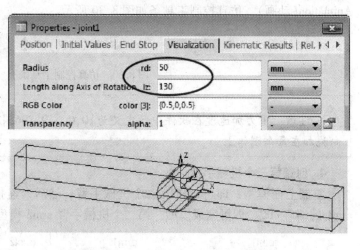

图 8.26　关节 joint1 的位置和方位定义

机械手臂位置和方向的定义也是基于前一元件的坐标系（这里指的是关节的坐标系）。当前，机械手臂和关节的坐标系是重合的。必须将机械手臂沿 X 轴移动它一半长度的距离，从而实现机械手臂的左端正好在关节位置上。位置位移向量修改为 $\{0.5,0,0\}$ m 或者参数化建模为 $\{lx/2,0,0\}$，而机械手臂的方位保持不变，如图 8.28 所示。

图 8.27　关节 joint1 的可视化参数定义

机械手臂的质量可以通过属性窗口 Inertia and Geometry 页面中的质量参数 m 来定义。这

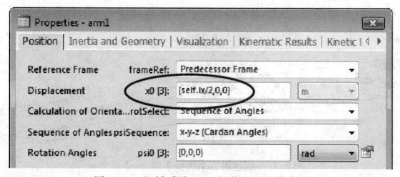

图 8.28　机械手臂 arm1 的位置和方位定义

里，给 m 赋值为 10kg（默认值为 1kg），几何尺寸保持不变，如图 8.29 所示。

至此，已经创建了一个简单的摆臂。单击按钮 ▶ 运行瞬态仿真，即可测试该模型的功能。为了使该摆臂能够运动几个周期，设置仿真时间为 20s。仿真计算在很短的时间内就会完成，以至于 3D 视图瞬间从初始位置切换到最终位置。因此，可以激活仿真控制工具条上的 record 选项 ● （录像功能），以便仿真结束后动画显示仿真结果。为了运行动画，需要将仿真控制工具条中的选项 Kind of Simulation（仿真类型）从 Transient（瞬态仿真）切换为

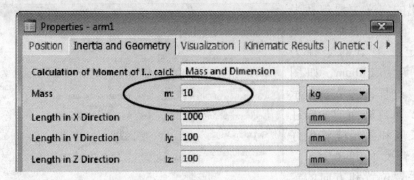

图 8.29　机械手臂 arm1 的质量定义

Animation（动画）。仿真控制工具条如图 8.30 所示。

图 8.30　仿真控制工具条

> ⚠ **注意**：重力加速度在软件中预定义为 $\{0,0,-9.8065\}$ m/s^2，该加速度沿 z 轴的负方向施加在每个刚体上。

4. 创建第二个机械手臂

复制上面模型，即可创建第二个机械手臂。然后，连接关节 joint2 的端口 ctr1 和手臂 arm1 的端口 ctr2，即可完成模型。第二个机械手臂 arm2 模型如图 8.31 所示。

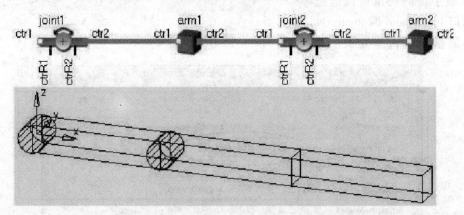

图 8.31　创建第二个机械手臂 arm2 模型

打开关节 joint2 的属性窗口，定义其位移向量为 $\{0.5,0,0\}$ m 或者参数化建模为 $\{arm1.lx/2,0,0\}$，方位仍然保持 arm1 原来的设置不变，如图 8.32 所示。这样，手臂 arm2 的位置就正确了。

至此，已经创建了两个手臂，如图 8.33 所示。

5. 模型的初始位置

机器人的初始位置定义如图 8.34 和图 8.35 所示。这里有两种实现途径：

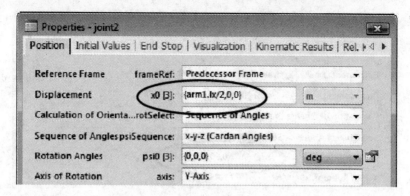

图 8.32　关节 joint2 的位置和方位定义[⊖]

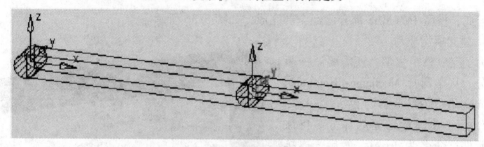

图 8.33　两个机械手臂模型

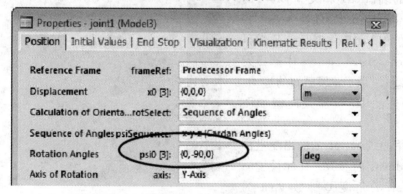

图 8.34　旋转关节 joint1 的旋转角度定义

（1）定义关节 joint1 和 joint2 绕 Y 轴的初始旋转角分别为 - 90deg 和 90deg。

（2）按照顺序 x-y-z，设置关节 joint1 和 joint2 的旋转角分别为 {0, - 90,0} deg 和 {0,90, 0} deg。这里的初始角仍为 0deg。强烈推荐采用这种方法，后面的仿真结果也是基于该定义方式。

⚠ **注意**：务必记住要将角度单位由默认的"rad(弧度)"修改"deg(度)"。

───────────

⊖　国际单位制中角度单位为(°)，但在 SimulationX 仿真系统中单位显示为 deg，故本章度的符号统一使用 deg，以与图对应。

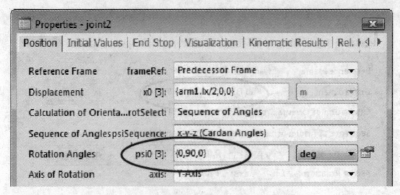

图 8.35　旋转关节 joint2 的旋转角度定义

至此，模型中的 MBS 部分已经全部完成，如图 8.36 所示。

6. 建立模型驱动

为了完成整个模型，还需要添加驱动部分。从学科库 Mechanics/Rotational Mechanics 中选择一个约束元件 Constraint，用于建模运动驱动部分。将该约束元件重命名为 drive1。然后，连接元件 drive1 的端口 ctr1 和关节 joint1 的端口 ctrR1，以及 drive1 的端口 ctr2 和关节 joint1 的端口 ctrR2。最后，从学科库 Signal Blocks/Signal Sources 中选择元件 Curve(曲线)，用于建模已知的运动。一个驱动元件的 1D 机器人模型如图 8.37 所示。

为了使用曲线 curve1 的输出变量作为驱动元件 drive1 的参数，在此设置驱动元件 drive1 的角度差参数 dphi 为 curve1.y，如图 8.38 所示。

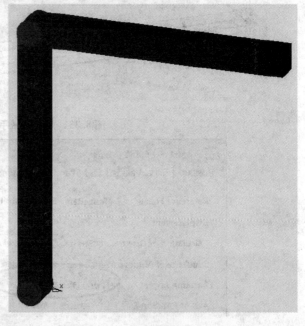

图 8.36　机器人模型的 MBS 部分

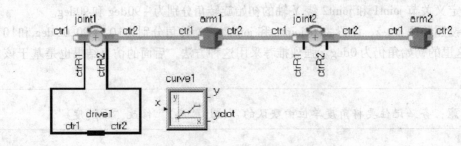

图 8.37　一个驱动元件的 1D 机器人模型

直接复制和粘贴新创建的运动驱动元件 drive1 和曲线 curve1，获得元件 drive2 和 curve2。将驱动元件 drive2 的两个端口采用相同的方式连接到关节 joint2 上，同时设置驱动 drive2 的

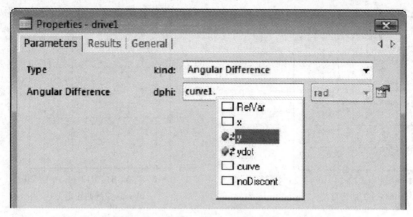

图 8.38　驱动元件 drive1 的参数设置

角度差参数 dphi 为 curve2. y。两个驱动元件的 1D 机器人模型如图 8.39 所示。

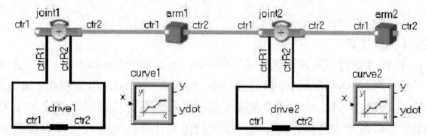

图 8.39　两个驱动元件的 1D 机器人模型

最后，必须为每个驱动元件定义一条曲线，用于表示关节的角度。首先要设置曲线 y 的物理单位为角度，这一点非常重要，务必保证单位设置为 "°" 或者 "deg"。具体操作如图 8.40 所示。

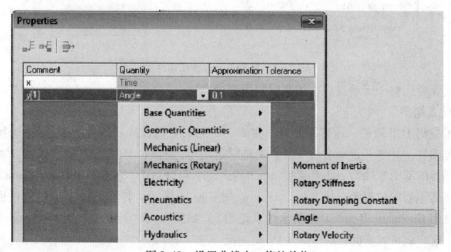

图 8.40　设置曲线中 y 值的单位

曲线 curve1 和 curve2 的具体数据定义见图 8.41。

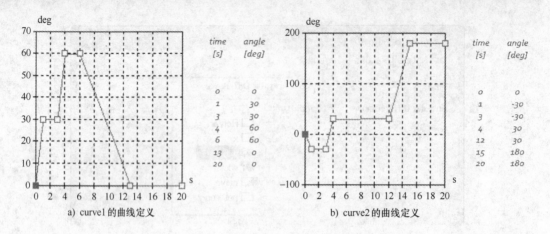

a) curve1 的曲线定义   b) curve2 的曲线定义

图 8.41   定义曲线的角度变化值

8.5.3   仿真结果

至此，就可以对模型进行动态仿真了。

1. 瞬态(动态)仿真

如果第一次仿真运行时出现错误提示：Calculation of initial values failed!，这说明需要修改初始值。检查给定的运动曲线，可以观察到：初始角为 0rad，但其斜率(初始速度)不是 0。在为关节定义初始值时，必须要考虑这一点。因此，不要"固定"两个关节的初始角速度(⚙)，如图 8.42 所示。这样，模型就可以运行仿真计算，机器人就可以按照给定的轨迹进行运动了。

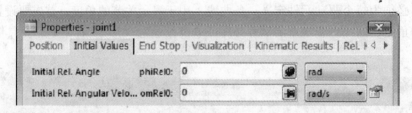

图 8.42   释放关节的初始角速度

为了观察到整个运动过程，仿真时间设置为 20s。

2. 仿真结果

为了检测 TCP 轨迹，这里需要从学科库 Mechanics/MBS Mechanics/Sensor 中选择一个绝对运动传感器，并将其重命名为 TCP。带绝对运动传感器的 1D 机器人模型如图 8.43 所示。连接传感器的动力学端口 ctr1 和手臂 arm2 的运动学端口 ctr2。然后，基于手臂 arm2 的坐标系定义该传感器的位置为 {arm2. lx/2,0,0}，如图 8.44 所示。打开元件 TCP 的属性窗口，并切换到页面 Kinematic Results(运动学仿真结果)，如图 8.45 所示，激活位移变量 x[3] 的结果属性，这样就可以实时跟踪 TCP 的运动情况。

图 8.46 为通过仿真得到的 TCP 的结果曲线，其中 x[2] 等于 0，这是因为机械手臂是 x-z 平面的运动，因此，可以删除掉 x[2] 曲线。

这里，也可以利用结果窗口中工具条上的按钮 y(x)，将曲线 x[1](= x) 和 x[3](= z)

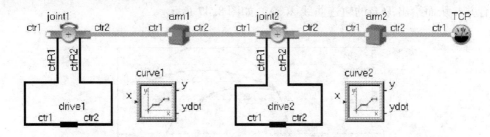

图 8.43 带绝对运动传感器的 1D 机器人模型

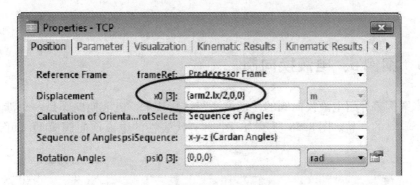

图 8.44 定义传感器的位置

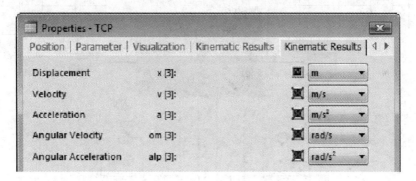

图 8.45 打开运动学仿真结果对话框

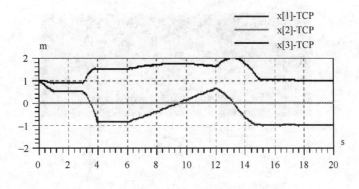

图 8.46 TCP 的结果曲线

进行合并，从而绘出 TCP 的轨迹曲线 z(x)，如图 8.47 所示。

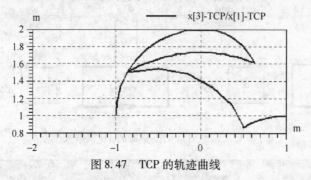

图 8.47　TCP 的轨迹曲线

▶▶8.6　案例 6：电液换向阀

通过本案例来介绍电液换向阀的建模方法与仿真技术。电液换向阀是一个涉及电、磁和液压等多个学科的产品。图 8.48 所示为一个具有代表性的电液换向阀模型。可以看出，该

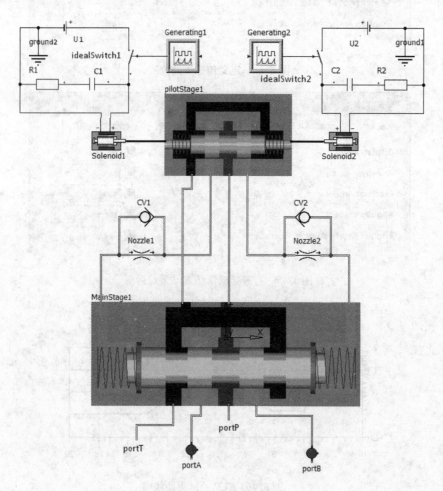

图 8.48　电液换向阀模型

阀模型主要由电子控制回路、电磁铁控制回路、先导阀和主阀4个模块组成。

8.6.1 电子控制回路

该电路的作用是为磁铁的运动提供电流控制信号。SimualtionX 软件中提供的电子元件的表示符号和电子回路原理图中的完全一致，因此，在创建电路模型时，直接按照原理图选择和连接元件即可，非常方便。按照图 8.48 中的电子控制回路的原理图，可以从学科库 Electronics/Analog 中选择对应的元件，然后将其按照原理图中的连接方式将所有元件连接起来，即可完成电子控制回路，如图 8.49 所示。先导阀两端磁铁的控制电路是完全相同的，故这里只创建左侧的电控回路。在参数和变量都定义好后，可以直接利用复制功能创建右侧的电控回路。表 8.12 列出了所需元件的数量、来源、名称、符号和作用。表 8.13 列出了定义的参数和输出结果变量。

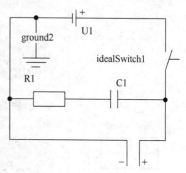

图 8.49 电子控制回路模型

表 8.12 元件的数量、来源、名称、符号和作用

元 件 数 量	学科库名称	元件名称和符号	作 用
1	Electronics/Analog/Sources	Constant voltage source	电压
1	Electronics/ Analog/Basic Elements	Ground	接地
1	Electronics/Analog/Basic Elements	Resistor	电阻
1	Electronics/Analog/ Basic Elements	Capacitor	电容
1	Electronics/Analog/Ideal	Ideal Switch	开关

表 8.13 电路模型中元件的参数和输出结果变量

模 型 对 象	参数和输出结果变量
U1	定义参数：恒定电压源，为电路系统提供稳定的 10V 电压 Constant voltage V: 10 V
ground2	定义参数：电路接地端，无需对其定义参数

(续)

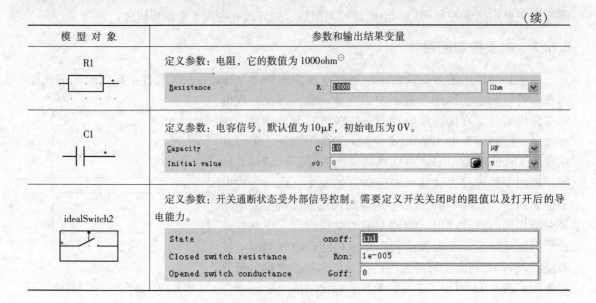

模 型 对 象	参数和输出结果变量
R1	定义参数：电阻，它的数值为 1000ohm[○] Resistance　R: 1000　Ohm
C1	定义参数：电容信号。默认值为 10μF，初始电压为 0V。 Capacity　C: 10　μF Initial value　v0: 0　V
idealSwitch2	定义参数：开关通断状态受外部信号控制。需要定义开关关闭时的阻值以及打开后的导电能力。 State　onoff: in1 Closed switch resistance　Ron: 1e-005 Opened switch conductance　Goff: 0

8.6.2 电磁铁控制回路

图 8.48 所示的电磁铁控制回路的工作原理是，电流通过电磁线圈后产生磁场，在磁力的作用下，滑阀阀芯产生运动。创建的模型如图 8.50 所示。为了便于管理模型，一旦该子模型调试成功，即可利用 SimulationX 的二次开发工具 TypeDesigner 将其封装打包成新型元件，如图 8.48 所示的名为 Solenoid1 和 Solenoid2 的元件。具体的封装过程请参考高级教程。新添加的元件的数量、来源、名称、符号和作用见表 8.14。该模型的参数和输出结果变量定义如表 8.15 所示。

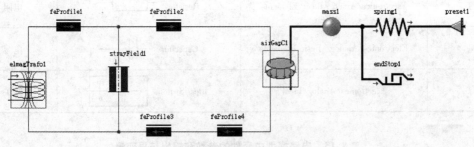

图 8.50　电磁铁控制回路模型

表 8.14　元件的数量、来源、名称、符号和作用

元 件 数 量	学科库名称	元件名称和符号		作　用
1	Magnetics/ Basic Elements	Electromagnetic Transformer		电磁转换器

[○]　电阻的单位应为 Ω，但 SimulationX 仿真系统显示为 ohm。为方便读者阅读，本章改为 ohm。

（续）

元 件 数 量	学科库名称	元件名称和符号	作 用
1	Magnetics/Air Elements	Stray Field of a Cylindric Solenoid	圆形电磁阀的固定辐射区域
4	Magnetics/Iron Elements	Iron Resistance	铁阻
1	Magnetics/Air Gap Elements	Circular Air Gap	圆形的可变气隙
1	Mechanics/Linear Mechanics	Preset	边界条件
1	Mechanics/Linear Mechanics	Spring	弹簧
1	Mechanics/Linear Mechanics	Mass	铁心质量
1	Mechanics/Linear Mechanics	Stop	位移大小约束

表 8.15　电磁铁控制回路模型中元件的参数和输出结果变量定义

模 型 对 象	参数和输出结果变量
elmagTrafo1	定义参数：通电线圈的匝数及电阻值 Electric Resistance　　Rel: 10　　Ohm Number of Windings　　w: 1000　　-
strayField1	定义参数：铁心线圈产生空气磁场的内径、外径、长度，以及初始磁通量 Inner Diameter　　din: 1　　cm Outer Diameter　　dout: 2　　cm Length　　l: 5　　cm Initial Magnetic Flux　　Phi0: 0　　Wb
feProfile1-4	定义参数：铁心。定义铁心的长度、横截面积和铁材料 Length　　l: 20　　cm Cross Section Area　　A: 1　　cm² Initial Magnetic Flux　　Phi0: 0　　Wb Description of Iron　　selKind: Use Database Iron Material　　Mat: 530-50A
airGapC1	定义参数：直径。用于定义铁心与固定端之间的距离 Diameter　　d: 1　　cm Initial Magnetic Flux　　Phi0: 0　　Wb
mass1	定义参数：铁心的质量和初始位置 Mass　　m: 0.025　　kg Initial Displacement　　x0: 0　　mm Initial Velocity　　v0: 0　　m/s

（续）

模 型 对 象	参数和输出结果变量
preset1 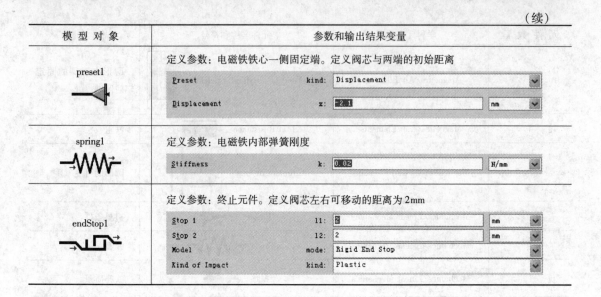	定义参数：电磁铁铁心一侧固定端。定义阀芯与两端的初始距离
spring1	定义参数：电磁铁内部弹簧刚度
endStop1	定义参数：终止元件。定义阀芯左右可移动的距离为2mm

8.6.3 先导阀

先导阀 pilotStage1 的模型如图 8.51 所示。通过电磁铁的作用，先导阀阀芯发生线性位移，从而改变先导阀中的液体的流向。表 8.16 列出了该模型中元件的数量、来源、名称、符号和作用。表 8.17 列出了需要定义的参数和输出结果变量。为了便于管理模型，可利用 SimulationX 的二次开发工具 TypeDesigner 将其封装打包成新型元件，如图 8.48 中的名为 pilotStage1 的元件，具有两个机械学端口 ctr1 和 ctr2，4 个液压学端口 portT、portA、portP 和 portB。

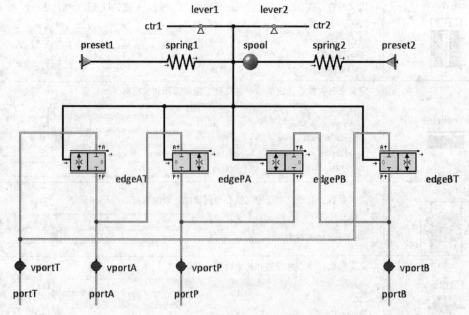

图 8.51　先导阀 piloStage1 模型

表 8.16　元件的数量、来源、名称、符号和作用

元件数量	学科库名称	元件名称和符号	作　用
2	Hydraulics/Proportional Directional Control Edges	2-way Proportional Edge (opening in positive direction)	阀的基本构成
2	Hydraulics/Valves/Proportional Directional Control Edges	2-way Proportional Edge (opening in negative/direction)	阀的基本构成
4	Hydraulics/Basic Elements	Volume	各个阀口处可压缩流体的容积
1	Mechanics/Linear Mechanics	Preset	阀壳体的两边
1	Mechanics/Linear Mechanics	Spring	弹簧
1	Mechanics/Linear Mechanics	Mass	铁心质量
2	Mechanics/Linear Mechanics	Lever	铁心和阀芯之间的运动转换器

表 8.17　先导阀模型中元件的参数和输出结果变量

模型对象	参数和输出结果变量
lever1-2	定义参数：线性运动转换器。将电磁铁铁心的运动转换成先导阀阀芯的运动 Kind　　kind: Ratio v1/v2 Ratio v1/v2　　i_12: 1　　-
spool	定义参数：先导阀阀芯的质量 Mass　　m: 0.1　　kg Initial Displacement　　x0: 0　　m Initial Velocity　　v0: 0　　m/s
spring1-2	定义参数：先导阀阀芯两侧的弹簧的刚度 Stiffness　　k: 1000　　N/m

（续）

模 型 对 象	参数和输出结果变量
preset1-2 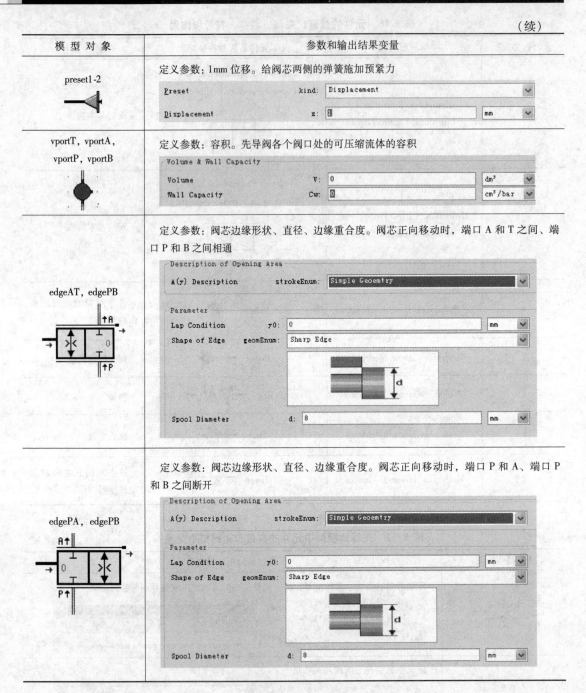	定义参数：1mm 位移。给阀芯两侧的弹簧施加预紧力
vportT，vportA，vportP，vportB	定义参数：容积。先导阀各个阀口处的可压缩流体的容积
edgeAT，edgePB	定义参数：阀芯边缘形状、直径、边缘重合度。阀芯正向移动时，端口 A 和 T 之间、端口 P 和 B 之间相通
edgePA，edgePB	定义参数：阀芯边缘形状、直径、边缘重合度。阀芯正向移动时，端口 P 和 A、端口 P 和 B 之间断开

8.6.4 主阀

电液换向阀主阀部分在本质上是三位四通阀，基于物理建模方法，它的详细模型结构如图 8.52 所示。在先导阀的作用下，主阀阀芯移动到不同的工作位置，从而形成不同的油路。该模型中元件的数量、来源、符号、名称和作用见表 8.18，定义的参数和输出结果变量见表 8.19。

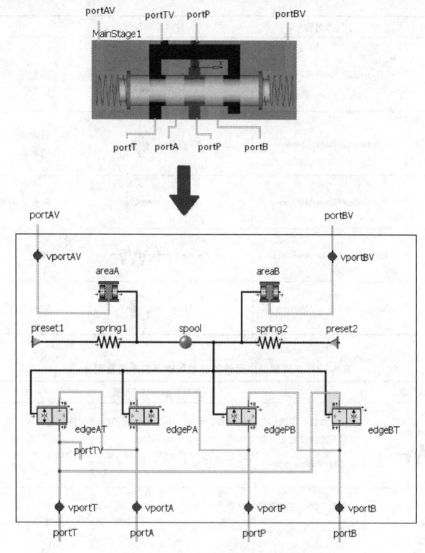

图 8.52 电液换向阀主阀模型

表 8.18 元件的数量、来源、名称、符号和作用

元 件 数 量	学科库名称	元件名称和符号	作 用
2	Hydraulics/Proportional Directional Control Edges	2-way Proportional Edge (opening in positive direction)	阀的基本构成
2	Hydraulics/Valves/Proportional Directional Control Edges	2-way Proportional Edge (opening in negative direction)	阀的基本构成

（续）

元 件 数 量	学科库名称	元件名称和符号	作 用
2	Hydraulics/Basic Elements	Piston Area	油腔
6	Hydraulics/Basic Elements	Volume	各个阀口处可压缩流体的容积
1	Mechanics/Linear Mechanics	Preset	阀壳体的两边
1	Mechanics/Linear Mechanics	Spring	弹簧
1	Mechanics/Linear Mechanics	Mass	铁心质量

表 8.19　主阀模型中元件的参数和输出结果变量定义

模 型 对 象	参数和输出结果变量
spring1-2	定义参数：主阀阀芯两侧弹簧的刚度。由于主阀阀芯两侧弹簧不起作用，所以弹簧刚度参数不进行设置或设置为 0 Stiffness　　k:　　　　　　　　　　　N/m
spool	定义参数：主阀阀芯的质量 Mass　　m: 1　　　　　　　　kg Initial Displacement　x0: 0　　　　　m Initial Velocity　　v0: 0　　　　　m/s
preset1-2	定义参数：位移 Preset　　kind: Fixed
vportAV, vportBV, vportT, vportA, vportP, vportB	定义参数：容积。主阀各个阀口处的可压缩流体的容积 Volume & Wall Capacity Volume　　V: 1　　　　　dm³ Wall Capacity　　Cw: 0　　　　　cm³/bar Option Local Gas Bubble ☐ Consider Local Air Volume

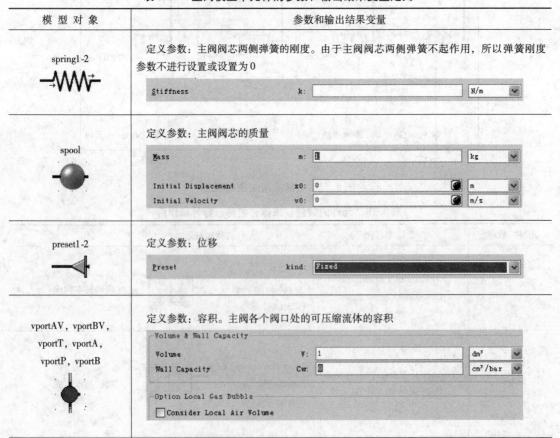

（续）

模 型 对 象	参数和输出结果变量
edgeAT，edgePB 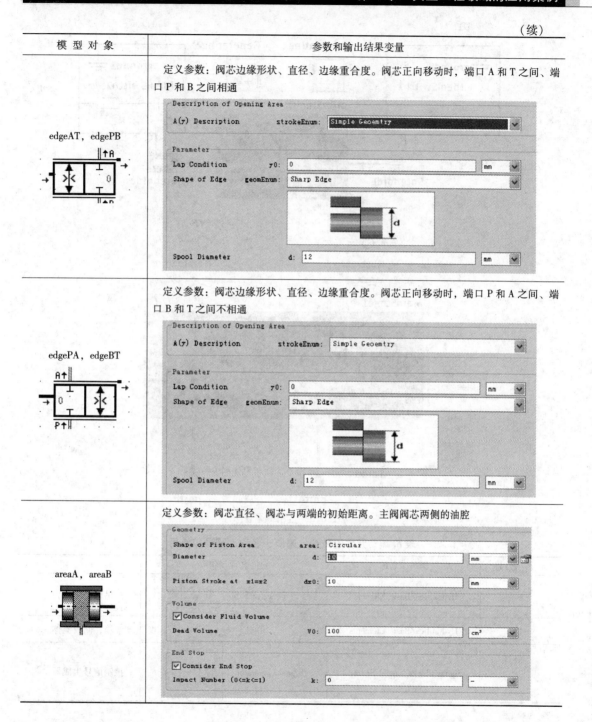	定义参数：阀芯边缘形状、直径、边缘重合度。阀芯正向移动时，端口 A 和 T 之间、端口 P 和 B 之间相通
edgePA，edgeBT	定义参数：阀芯边缘形状、直径、边缘重合度。阀芯正向移动时，端口 P 和 A 之间、端口 B 和 T 之间不相通
areaA，areaB	定义参数：阀芯直径、阀芯与两端的初始距离。主阀阀芯两侧的油腔

8.6.5　测试模型

为了验证电液换向阀模型，在模型中又添加一个压力源和回油箱。该测试模型如图 8.53 所示。新添加元件的数量、来源、名称、符号和作用见表 8.20，定义的参数和输出结果变量见表 8.21。

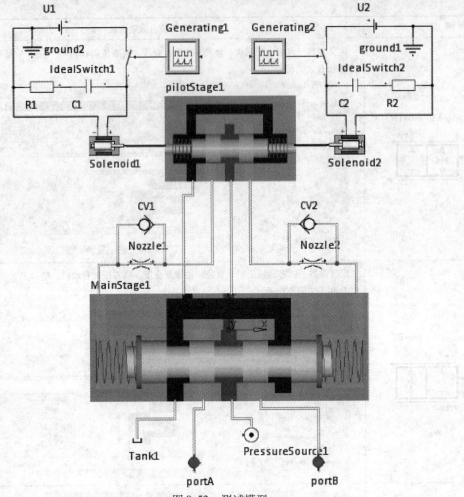

图 8.53　测试模型

表 8.20　元件的数量、来源、名称、符号和作用

元件数量	学科库名称	元件名称和符号	作　用
1	Hydraulics/Basic Elements	Pressure Supply	提供稳定的压力
1	Hydraulics/Basic Elements	Tank	油箱，回收流体
2	Signal Blocks/Signal Sources	Signal Generator	控制信号生成器

表 8.21　测试模型中元件的参数和输出结果变量定义

模型对象	参数和输出结果变量
PressureSource1	定义参数：压力 100bar(10MPa)。为回路提供稳定的油压
	Pressure　　　　　　pSrc: 100　　　　　bar

（续）

模型对象	参数和输出结果变量
Tank1	定义参数：油箱的压力 0bar 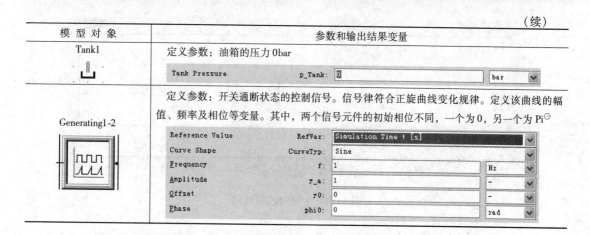
Generating1-2	定义参数：开关通断状态的控制信号。信号律符合正旋曲线变化规律。定义该曲线的幅值、频率及相位等变量。其中，两个信号元件的初始相位不同，一个为 0，另一个为 Pi[一]

8.6.6　仿真结果

打开需要关心的结果变量的协议属性，即可运行瞬态仿真计算。图 8.54 显示了在正弦控制信号输入的情况下驱动电磁铁两个电路的电流情况，可以看出，开关具有动态响应过程，约 0.05s 后达到稳定电流状态。图 8.55 和 8.56 分别显示了在正弦控制信号输入的情况下，先导阀阀芯和主阀阀芯的位移状况。除此之外，还可以观察先导阀、主阀各个阀口处的流量和压力等信息，这里限于篇幅，不再一一列出。

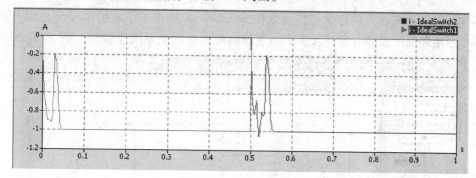

图 8.54　驱动电磁铁两个电路的电流情况

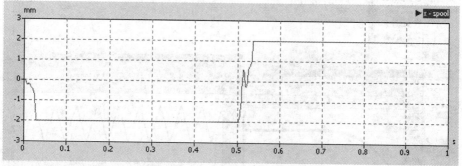

图 8.55　先导阀阀芯的位移

[一]　Simulation X 中定义了全局变量 Pi = π。

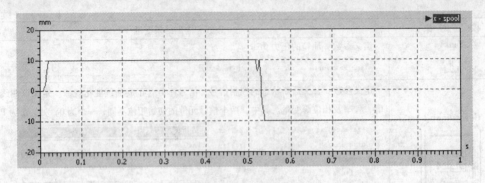

图 8.56 主阀阀芯的位移

▶▶8.7 案例 7：电子电路系统

8.7.1 DC-DC 转换器

DC-DC 转换器是一种计时电子设备，它的功能是将直流电压放大或缩小一定的倍数后输出。这种设备在汽车、通信和计算机等领域都有广泛的应用，其中，负载的工作电压与电源供给的直流电压往往不一致。随着现代电子技术的发展，例如集成电路中降低电压或乘用车中 42V 系统的应用等，对该类变压设备的需求一直在不断地增长。

多学科领域系统动力学建模与仿真软件 SimulationX 提供了丰富的电子元件库，可以创建各种电子电路系统模型或者涉及多个物理域的模型中的电系统子模型。图 8.57 所示为一

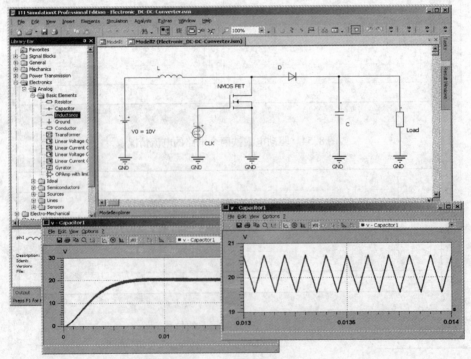

图 8.57 DC-DC 转换器模型

个简单的 DC-DC 转换器模型。该转换器的作用是将 10V 直流电压(左侧的电压源)转换为 20V,为右侧的负载电阻提供电压。10Ω(仿真中单位用 ohm)的负载电阻消耗的功率为 40W。图 8.57 中显示了仿真得到的输出电压及其局部放大图,可以看出,该转换器的开关频率为 10kHz。表 8.22 列出了该模型中使用元件的数量、来源、名称、符号和作用。表 8.23 列出了模型中定义的元件参数和输出结果变量。

表 8.22　DC-DC 转换器模型中元件的数量、来源、名称、符号和作用

元件个数	学　科　库	元件名称和符号	元件作用
1	Electronics/Analog/Sources	Constant Voltage Source	直流恒压源
1	Electronics/Analog/Basic Elements	Inductance	电感
1	Electronics/Analog/Basic Elements	Capacitor	电容
1	Electronics/Analog/Semiconductors	NMOS FET	N 沟道 MOS 管
5	Electronics/Analog/Basic Elements	Ground	接地
2	Electronics/Analog/Basic Elements	Resistor	负载电阻
1	Electronics/Analog/Semiconductors	Diode	二极管
1	Electronics/Analog/Sources	Pulse voltage source	脉冲电压

表 8.23　DC-DC 转换器模型的参数和输出结果变量定义

模型对象	参数和输出结果变量
V0	定义参数:设置恒压源电压 10V Constant voltage　　V: 10　　V
L	定义参数:电感为 0.006H Inductance　　L: 0.006　　H 定义初始电流:0A Initial value　　i0: 0　　A
C	定义参数:电容为 100uF Capacity　　C: 100　　μF 定义初始电压:0V Initial value　　v0: 0　　V

(续)

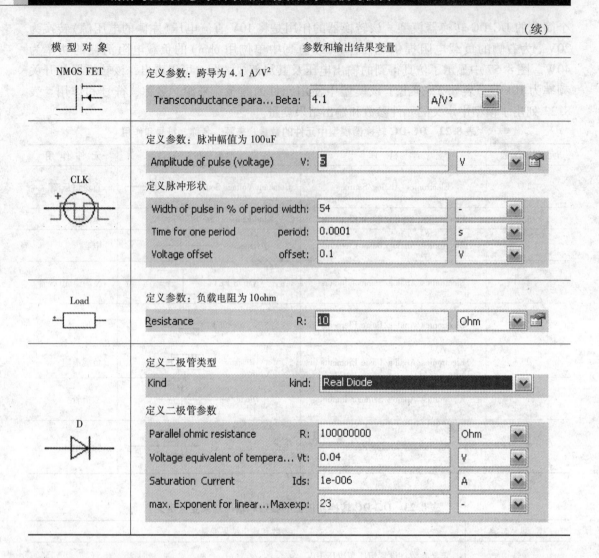

模 型 对 象	参数和输出结果变量
NMOS FET	定义参数：跨导为 4.1 A/V² Transconductance para... Beta: | 4.1 | A/V²
CLK	定义参数：脉冲幅值为 100uF Amplitude of pulse (voltage) V: | 5 | V 定义脉冲形状 Width of pulse in % of period width: | 54 | - Time for one period period: | 0.0001 | s Voltage offset offset: | 0.1 | V
Load	定义参数：负载电阻为 10ohm Resistance R: | 10 | Ohm
D	定义二极管类型 Kind kind: | Real Diode | 定义二极管参数 Parallel ohmic resistance R: | 100000000 | Ohm Voltage equivalent of tempera... Vt: | 0.04 | V Saturation Current Ids: | 1e-006 | A max. Exponent for linear...Maxexp: | 23 | -

8.7.2　CMOS 开关

电子开关在很多领域都有广泛的应用，例如动力领域。如果需要避免机械移动零件，而且要求较高的可靠性或者开关不发生反弹，那么电子开关是最佳的选择。CMOS 由 PMOS 管和 NMOS 管共同构成，它的特点是功耗低。由于 CMOS 中一对 MOS 组成的门电路在瞬间要么 PMOS 导通、要么 NMOS 导通、要么都截止，比线性的三极管（BJT）效率要高得多，因此功耗很低。

图 8.58 显示了基于 SimulationX 创建的 CMOS 开关模型。该模型包含两个功能部分：开关部分（右侧的晶体管）和 CMOS 反相器（模型的左上方）。CMOS 反相器的作用是，对开关信号进行反相操作，用于控制开关中的 PMOS 晶体管。该开关可作为输入电压，范围为从 0 到接近于电路的供给电压 VCC。开关控制信号采用在 0 和 VCC 之间变化的电压信号。表 8.24 列出了模型中使用的元件的数量、来源、名称、符号和作用。表 8.25 列出了定义的参数和输出结果变量。

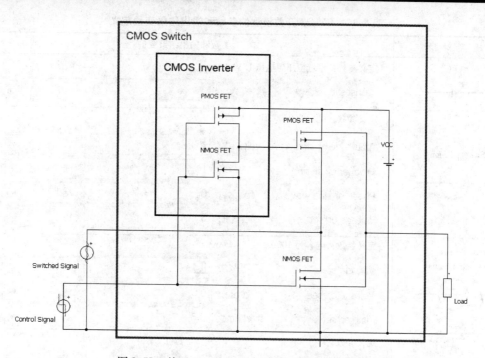

图 8.58 基于 SimulationX 创建的 CMOS 开关模型

表 8.24 电子开关模型中新出现的元件

元 件 个 数	学 科 库	元件名称和符号	元 件 作 用
1	Electronics/Analog/Sources	Sine Voltage Source	正弦电压源
1	Electronics/Analog/Sources	Step Voltage Source	阶跃电压源
2	Electronics/Analog/Sources	PMOS FET	P 沟道 MOS 管
2	Electronics/Analog/Semiconductors	NMOS FET	N 沟道 MOS 管
1	Electronics/Analog/Sources	Constant Voltage Source	直流恒压源
1	Electronics/Analog/Basic Elements	Resistor	负载电阻

表 8.25　CMOS 开关模型的参数和输出结果变量定义

模 型 对 象	参数和输出结果变量
VCC	定义参数：设置恒压源电压 15V Constant voltage　　V: `15`　　V
Switched Signal	定义参数：电感为 0.006H Amplitude of sine wave (volt... V: `3`　　V Frequency of sine wave　　f: `10`　　Hz Phase of sine wave　　phase: `0`　　rad Voltage offset　　offset: `5`　　V
Control Signal	定义参数：电容为 100μF Voltage step　　V: `15`　　V Voltage offset　　offset: `0`　　V Time offset　　startTime: `0.5`　　s
NMOS FET1	定义参数 Width　　W: `2`　　mm Length　　L: `0.6`　　mm Transconductance param... Beta: `4.1`　　A/V² Zero bias threshold voltage　　Vt: `0.8`　　V Bulk threshold parameter　　K2: `1.144`　　- Reduction of pinch-off region K5: `0.7311`　　- Narrowing of channel　　dW: `-0.0025`　　mm Shortening of channel　　dL: `-0.0015`　　mm Drain-Source-Resistance　　RDS: `10000000`　　Ohm
NMOS FET2	定义参数 Width　　W: `0.02`　　mm Length　　L: `0.006`　　mm Transconductance param... Beta: `4.1e-005`　　A/V² Zero bias threshold voltage　　Vt: `0.8`　　V Bulk threshold parameter　　K2: `1.144`　　- Reduction of pinch-off region K5: `0.7311`　　- Narrowing of channel　　dW: `-0.0025`　　mm Shortening of channel　　dL: `-0.0015`　　mm Drain-Source-Resistance　　RDS: `10000000`　　Ohm

（续）

模 型 对 象	参数和输出结果变量
PMOS FET1 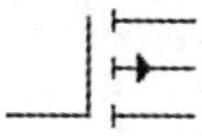	**定义参数** 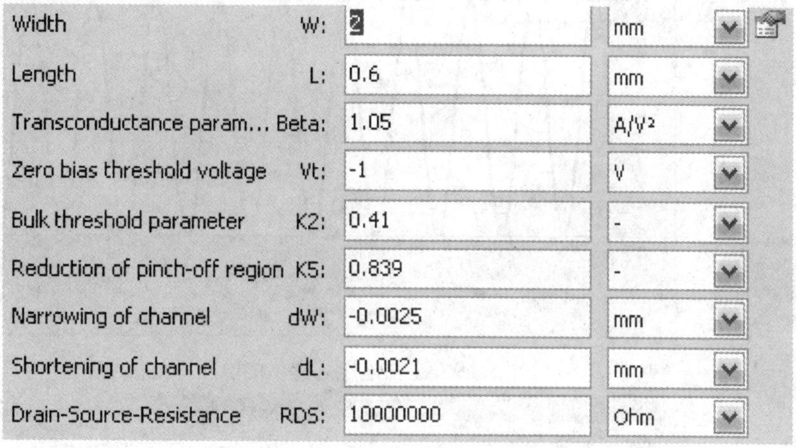 Width　　　　　　　　　　　W: 2　mm Length　　　　　　　　　　　L: 0.6　mm Transconductance param... Beta: 1.05　A/V² Zero bias threshold voltage　Vt: -1　V Bulk threshold parameter　K2: 0.41　- Reduction of pinch-off region K5: 0.839　- Narrowing of channel　　dW: -0.0025　mm Shortening of channel　　dL: -0.0021　mm Drain-Source-Resistance　RDS: 10000000　Ohm
PMOS FET2 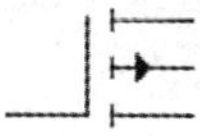	**定义参数** 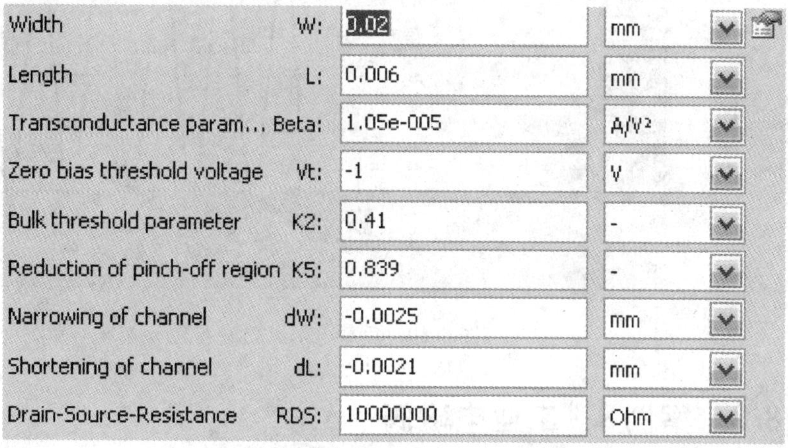 Width　　　　　　　　　　　W: 0.02　mm Length　　　　　　　　　　　L: 0.006　mm Transconductance param... Beta: 1.05e-005　A/V² Zero bias threshold voltage　Vt: -1　V Bulk threshold parameter　K2: 0.41　- Reduction of pinch-off region K5: 0.839　- Narrowing of channel　　dW: -0.0025　mm Shortening of channel　　dL: -0.0021　mm Drain-Source-Resistance　RDS: 10000000　Ohm
Load Resistance	**定义参数：负载电阻 10Ohm** Resistance　　　　　　　R: 10　Ohm

图 8.59 所示为正弦电压源提供的电压开关信号。由于控制信号在 0.5s 电压发生阶跃，从而将开关打开，为负载提供电压，如图 8.60 所示。

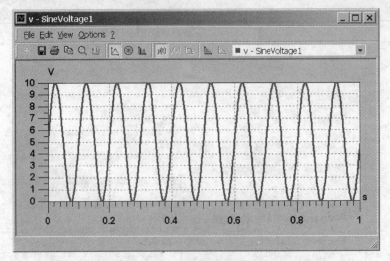

图 8.59　正弦电压源提供的电压开关信号

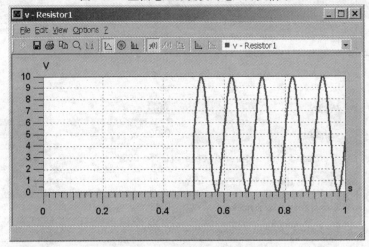

图 8.60　负载电阻上的输入电压

▶▶▶ 8.8　案例 8：工业电磁阀

　　电磁驱动机构，例如图 8.61 所示的电磁阀，几乎应用于目前所有的汽车或机器设备中，用来驱动液压或气动阀。电磁阀的主要任务是将电能转化为机械能，根据电子信号产生对应的机械力。

　　根据功能原理的不同，电磁阀可以分为两类：

1. 开关电磁阀

　　开关电磁阀主要用于实现某一执行机构（例如，阀）的开关特性。它的力-位移特性具有较强的非线性。这类电磁阀结构简单，价格便宜。

2. 比例电磁阀

图 8.61　用于液压阀驱动的电磁阀
（来源：ETO MAGNETIC）

如果要求一定的机械力或者位移，可以使用比例电磁阀。它产生的机械力或者位移与电子控制信号（电流或者电压）之间满足一定的比例关系。为了获得优良的控制特性，它的力-位移特性多数为线性。一般地，为了补偿机械力和电磁力的迟滞性和非线性，比例电磁阀需要集成电路，用于位置的检测和控制。

这里介绍两种电磁阀的建模方法：面向信号的建模方法和面向物理对象的建模方法。

8.8.1 电磁阀模型一

电磁阀驱动力建模和仿真的目的是寻找一组最佳的设计参数以实现既定的目标，如减少重量、缩减成本、降低响应时间或提高抵抗温度效应的稳定性。电磁阀动态特性的建模可以通过信号元件来实现，如图 8.62 所示的信号方块式模型。在该模型中，电磁系统是由若干个信号方块来描述的，通过 2D 特性图表，计算出电磁阀的磁力和电流。这些 2D 特性图表的数据必须通过测量和 FEM 仿真获得，SimulationX 可以轻松地导入这些数据，如图 8.63 所示。在这样的建模方式中，电磁驱动的动态特性可以描述得非常精确。但是，获得 2D 特性图表数据却是比较困难的。而且，一组 2D 特性图表数据仅代表一组设计参数。因此该模型不能用于参数敏感度分析和优化设计。总体来讲，图 8.62 所示的模型适合于精确描述现有电磁阀的特性，但不适合于研究某个设计参数对整个系统的影响。

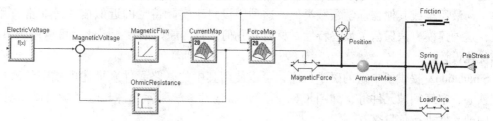

图 8.62 由信号元件和 2D 特性图表构成的电磁阀模型

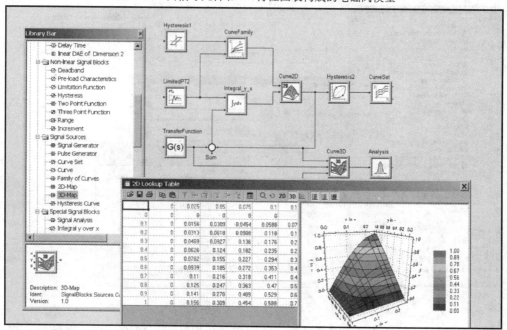

图 8.63 SimulationX 导入的 2D 特性图表

8.8.2　电磁阀模型二

关于电磁阀动态特性，另一种建模方式是建立电磁回路的物理模型，即磁阻模型。类似于电路，电磁阀中的磁通量表示为磁阻元件的网络结构。与电阻相比，磁阻元件实际上是存储磁能而不是消耗磁能。磁力 Θ 可以定义为：

$$\Theta = \oint_C \vec{H} \cdot \mathrm{d}\vec{r} \tag{8.1}$$

式中，$\vec{H}$ 表示磁场强度，C 表示电磁阀线圈附近的封闭回路。

磁通量 Φ 定义为：

$$\Phi = \iint_A \vec{B} \cdot \mathrm{d}\vec{A} \tag{8.2}$$

式中，$\vec{B}$ 表示磁通密度，$\vec{A}$ 表示磁通量的横截面积。

类似于电阻，磁阻 R_m 定义为：

$$R_\mathrm{m} = \frac{\Theta}{\Phi} \tag{8.3}$$

这种建模方式的优势在于，基于简化的或理想的几何群，可以计算出磁阻 R_m 的许多解析解。与液压学或其他物理学领域类似，这种假设对于实际特性的近似描述是非常有用的。而且，这种建模方法保留了最终特性对材料和几何参数的原始依赖，因此，可以用于参数研究和优化设计。

SimulationX 提供了丰富的磁学科库，可以使用其中的磁路元件来描述电磁阀的磁通量，例如铁心、空气间隙元件等，如图 8.64 所示。而且，该学科库允许与电子学科库和机械学科库中的元件进行信息交互。

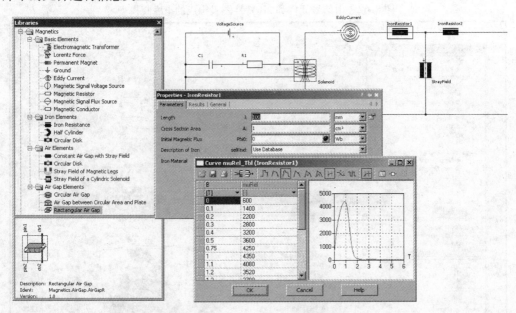

图 8.64　SimulationX 中的磁学科库

图 8.65 显示了一个开关电磁阀模型，其中包含了电压源、磁圈、铁、漏磁场、空气间

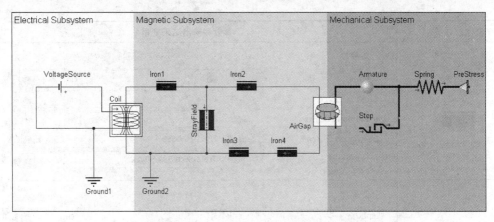

图 8.65　开关电磁阀模型

隙、电枢质量和带预紧力的弹簧等元件。该磁路模型也说明了在一个模型中可以同时集成电、磁和机械构件。与图 8.50 相比，该模型中新添加了电压源和接地两个元件，用于测试电磁阀模型。表 8.26 列出了定义的参数和输出结果变量。

表 8.26　电磁阀模型的参数和输出结果变量定义

模 型 对 象	参数和输出结果变量
Voltage Source	定义参数：设置恒压源电压
	Constant voltage　　　　V:　If(t<50'ms')then 24'V'else 0　　V
Coil	定义参数
	Electric Resistance　　　Rel:　10　　Ohm
	Number of Windings　　　w:　1000　　-
Stray Field	定义参数
	Inner Diameter　　　　din:　1　　cm
	Outer Diameter　　　dout:　2　　cm
	Length　　　　　　　l:　5　　cm
	Initial Magnetic Flux　Phi0:　0　　Wb
Air Gap	定义参数
	Diameter　　　　　　d:　1　　cm
	Initial Magnetic Flux　Phi0:　0　　Wb
Iron1	定义参数
	Length　　　　　　　l:　20　　cm
	Cross Section Area　　A:　1　　cm²
	Initial Magnetic Flux　Phi0:　0　　Wb
	Description of Iron　selKind:　Use Database
	Iron Material　　　　Mat:　Trafoblech 530-50 A

（续）

模 型 对 象	参数和输出结果变量
Iron2	**定义参数** Length　　　　　l: 25　cm Cross Section Area　A: 1　cm² Initial Magnetic Flux　Phi0: 0　Wb Description of Iron　selKind: Use Database Iron Material　Mat: Trafoblech 530-50 A
Iron3	**定义参数** Length　　　　　l: 5　cm Cross Section Area　A: 1　cm² Initial Magnetic Flux　Phi0: 0　Wb Description of Iron　selKind: Use Database Iron Material　Mat: Trafoblech 530-50 A
Iron4	**定义参数** Length　　　　　l: 15　cm Cross Section Area　A: 1　cm² Initial Magnetic Flux　Phi0: 0　Wb Description of Iron　selKind: Use Database Iron Material　Mat: Trafoblech 530-50 A
Stop	**定义参数** Abstand Links　　l_Left: -0.2　mm Abstand Rechts　l_Right: 2.1　mm Federsteife　　c: 1　kN/mm Dämpfung　　d: sqrt(0.2*4*Anker.m*self.c)　Ns/m
String	**定义参数：弹簧刚度为 20N/mm** Stiffness　　k: 20　N/mm
Prestress	**定义参数：预紧力** Preset　　kind: Displacement Displacement　x: 4　mm

图 8.66 中分别显示了输入的电压信号和仿真得到的通过磁圈的电流结果，图 8.67 显示了电枢的位移仿真结果。在 $t=0$ 时刻，打开电压源，提供恒定电压 24V；在 $t=50$ms 时刻，关闭电压源。通过磁圈的电流显示了电磁阀的典型特性，也就是说，当电枢开始移动时电流

突然下降。模型包含了所有相关的材料和几何信息，因此，该模型可用于参数敏感度分析和优化设计。

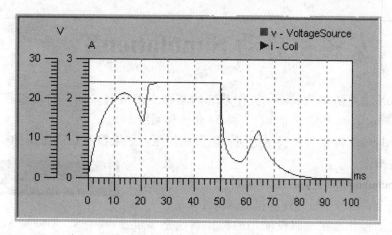

图 8.66　输入的电压信号和通过磁圈的电流仿真结果

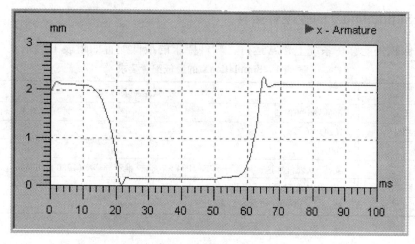

图 8.67　电枢的位移仿真结果

　　由于篇幅有限，本章仅选用了几个典型工程领域的简单应用案例，更为高级的建模和仿真技术和应用案例分析请参考 SimulationX 的官方网站 www.simulationx.com.cn 或者咨询北航-SimulationX 培训中心(简称 SXTC)。

附录

安装和启动 SimulationX

SimulationX 软件是在 Windows 操作系统的基础上发展起来的。它可以在 Windows XP（SP2）和 Windows Vista 环境下工作，支持 64 位操作系统。

安装 SimulationX 时，需要获得访问管理员的权限。如果没有获得正确的访问权限，管理员执行安装操作。

为了将 SimulationX 安装在目标系统上，需要完成几个步骤。这完全要依赖于目标计算机上的操作系统。

检查当前的操作系统，假设使用的操作系统是 Windows XP，则服务包显示如附图 1 所示。

附图 1　Windows XP 操作系统下的服务包

（一）SimulationX 的软硬件条件

为了确保软件能够在系统上正常运行，软件要求的最低配置如附表 1 所示。

附表 1　SimulationX 的最低配置要求

部　件	最 低 要 求
处理器	Intel x86 处理器
内存（RAM）	1024MB
硬盘	200MB
显卡	支持 3D 硬件加速；最低分辨率（1024×768），推荐分辨率（1280×1024）
驱动器	CD-ROM 驱动器用于安装
可支持的操作系统	Windows XP SP2 或更新版本

如果计划购买新的系统，ITI 建议系统的性能参数要适合 CAE 仿真任务。其中，处理器速度和内存配置是最具有决定性的部件。一般情况下，处理器主频越高、内存容量越大越好。

（二）SimulationX 版本

1. 所有版本概述

一张 SimulationX 的 CD 安装盘包含了所有版本。附表 2 列出了 SimulationX 各个版本的可用功能。首次启动 SimulationX 时应激活相应版本。

附表 2　SimulationX 各个版本的可用功能

软 件 功 能	版　本				
	学生版	浏览版	分析版	专业版	Modelica
新建文件	×	√	√	×	×
打开文件	×	√	×	×	×
打开文件（加密）	×	×	×	×	×
保存文件	×	√	×	×	×

（续）

软 件 功 能	版　本				
	学生版	浏览版	分析版	专业版	Modelica
保存文件（加密）	√	×	×	×	×
边栏预览	√	×	×	×	×
打印	×	×	×	×	×
加载外部类型	×	×	×	×	×
创建/编辑外部类型	×	√	√	×	×
编辑模型（结构）	×	√	√	×	×
编辑参数	×	√	×	×	×
控制元件/瞬态显示	×	√	√	×	×
数据库连接	×	√	许可文件	许可文件	√
计算	×	×	许可文件	许可文件	×
3D 视图	×	×	许可文件	许可文件	×
脚本编辑器	×	√	√	×	×

注：×表示不可使用该功能；√表示可使用该功能。

2. 评估版

SimulationX 评估版是为了达到测试的目的而开发的，所以它是具有全部功能的专业版。该版本包含所有的库和选项，可以在有限时间内测试所有功能。

该版本只需要为计算机生成一个限制时间性许可文件。该许可文件可以从 ITI 公司申请获得。

3. 学生版

学生版允许执行学习任务。如附表 2 显示，建模时，仅仅部分模型元件和简化功能能够使用，且元件的使用次数有限。在 Options 对话框中的属性页 Licensing 中，能够看到可以使用哪些元件，以及使用次数限制，如附图 2 所示。

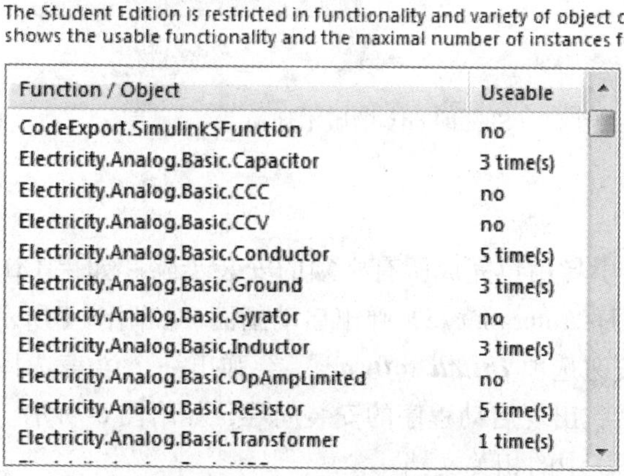

The Student Edition is restricted in functionality and variety of object classes. The following table shows the usable functionality and the maximal number of instances for an object class.

Function / Object	Useable
CodeExport.SimulinkSFunction	no
Electricity.Analog.Basic.Capacitor	3 time(s)
Electricity.Analog.Basic.CCC	no
Electricity.Analog.Basic.CCV	no
Electricity.Analog.Basic.Conductor	5 time(s)
Electricity.Analog.Basic.Ground	3 time(s)
Electricity.Analog.Basic.Gyrator	no
Electricity.Analog.Basic.Inductor	3 time(s)
Electricity.Analog.Basic.OpAmpLimited	no
Electricity.Analog.Basic.Resistor	5 time(s)
Electricity.Analog.Basic.Transformer	1 time(s)

附图 2　学生版中可用的模型元件

4. 浏览版

使用浏览版，用户可以将模型以编码格式传给其他人。这些模型可使用浏览版打开。如果需要的话，也可以仿真计算。计算结果也可打印出来，见附表 2。

5. 分析版

分析版适合对建好的模型进行参数研究，见附表 2。

6. 专业版

专业版是一个具有所有功能的强有力工具，可用于建模、仿真和分析。可以使用所有获得的没有限制的程序功能、学科库和选项，见附表2。

7. Modelica 版

Modelica 版是为 Modelica 开发人员和建模人员专门开发的一个版本。它既具有 Simula-tionX 的系统仿真能力，同时又具有 Modelica 的形式，非常灵活。集成的 Modelica 小型编辑工具，例如 SimulatonX 的二次开发工具 TypeDesigner，完全支持整个开发流程。

8. 改变版本

版本之间可以随时切换。在 SimulationX 的菜单 Extras/Options 中打开对话框 Licensing，如附图 3 所示。单击 Edition change to...，然后选择一个版本。

> ⚠️ **注意：** 分析版和专业版需要合适的许可文件或加密狗。

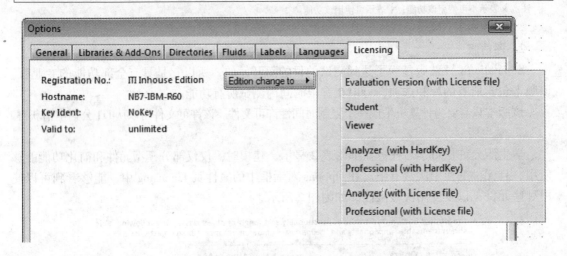

附图 3 SimulationX 的版本切换

（三）SimulationX 安装

插入 CD 盘后，安装程序会引导用户完成所有必须的安装步骤。如果 CD 盘驱动的自动安装功能被关闭，启动 CD 中程序 Autorun. exe，弹出启动画面，如附图 4 所示。

首先，单击启动画面中的按钮选项 ***Install software***，会弹出一个语言选择对话框，在这里用户需要选择交互语言。之后，出现启动程序的安装向导，如附图 5 所示。关于启动画面中的其他按钮选项，可以阅读 CD 中的相关文档。

单击按钮 Next > 后，打开附图 6 所示的对话框，软件开始检测安装 SimulationX 软件所需的各种条件是否得到满足。如果检测完毕并满足条件的话，继续运行安装向导，进入安装协议对话框，如附图 7 所示。在此，用户必须接受所有条款，才能继续安装。

在这里，用户可以选择 3 种安装类型，如附图 8 所示。

（1）标准型：安装所有默认的特性和模块，满足基本应用需要。

（2）用户自定义型：用户选择安装的特性。每个模块或者功能都是独立选择的，如附

图 9 所示。

（3）完整型：安装所有可用的特性和模块。文档和样例复制到用户的计算机硬件中。

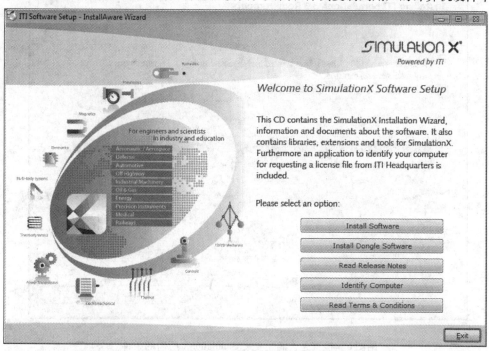

附图 4　启动画面

附图 5　安装向导的启动画面

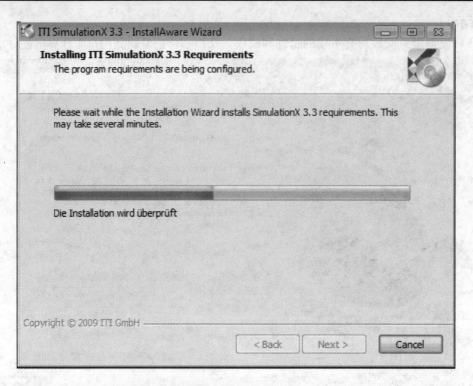

附图6　检查是否满足安装 SimulationX 所需的条件

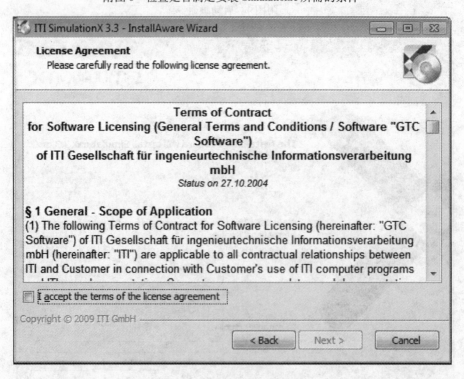

附图7　安装协议对话框

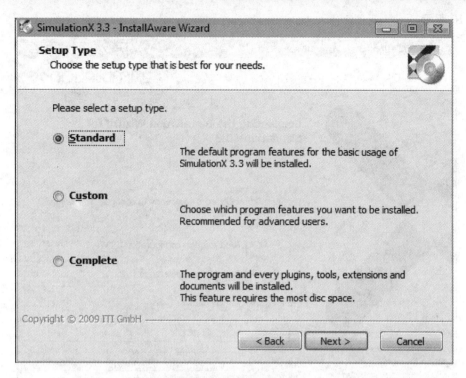

附图8 安装类型选择

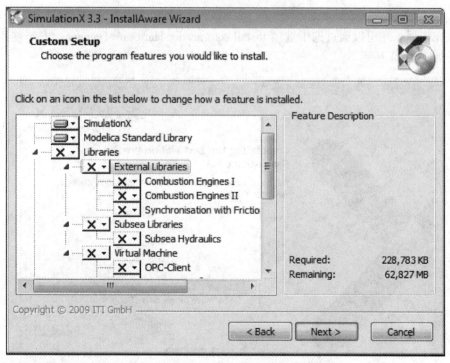

附图9 用户自定义型

对于所有必需的模块，请选中选项 Install on a local hard drive。

根据用户的选择，安装向导自动完成 SimulationX 的安装，结束后弹出安装完成对话框，如附图 10 所示。

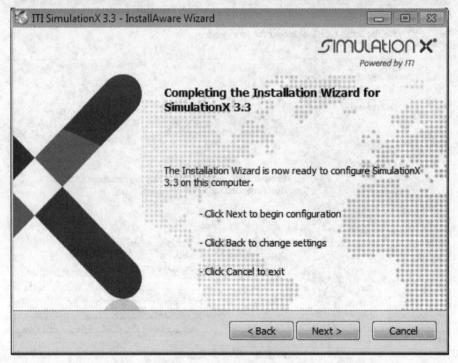

附图 10　安装完成对话框

安装完毕后，还可以通过选中选项 Install software for Hardware Dongles，安装使用加密狗的软件，如附图 11 所示。

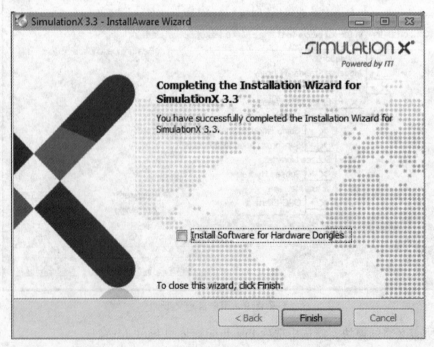

附图 11　安装使用加密狗的选项

　　软件保护(驱动程序和服务)仅需要安装在管理权限的计算机上(测试版本不需要)。例如：

　　(1) 安装专业版或者分析版的工作站，由一个加密狗保护。

　　(2) 提供网络全线的计算机(服务器或者工作站)。

　　安装后，程序会鉴别您是否已经为计算机购买了一个专业版或者分析版的权限文件，具体在第 3.5.2.2 节中有所介绍。

　　至此，ITI SimulationX 安装完毕。

　　如果已经安装了 SimulationX，根据已经安装版本的不同，用户以后可能会有两种选择：

　　(1) 希望安装新版本。

　　(2) 希望重新安装相同版本。

　　在这里，用户可以修改现有版本，添加或者删除特征或者删除软件。软件维护对话框如附图 12 所示。

附图 12　软件维护对话框

(四) 首次启动

　　当首次启动 SimulationX 时，显示版本选择对话框如附图 13 所示。选择期望的版本，然后点击按钮 Start。

1. SimulationX 评估版

　　运行评估版时，需要一个许可文件。

　　如果没有，请单击附图 13 中的按钮 Request，然后弹出如附图 14 所示的请求许可文件对话框。请填写期望的测试时间、应用领域和个人信息。如果计算机上装有电子邮件客户

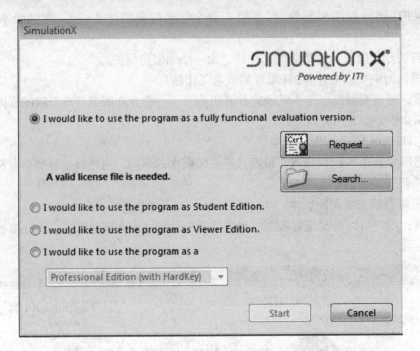

附图 13　版本选择对话框

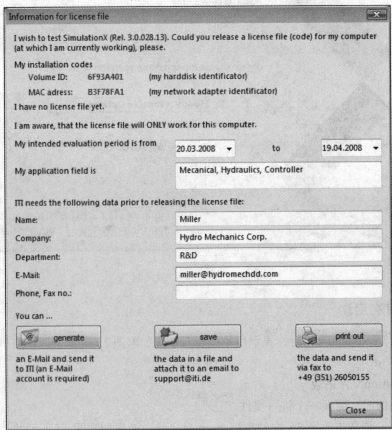

附图 14　请求许可文件对话框

端，可以直接传送数据。单击按钮 Generate 创建一封请求许可文件的电子邮件，如附图 15 所示，发送即可。

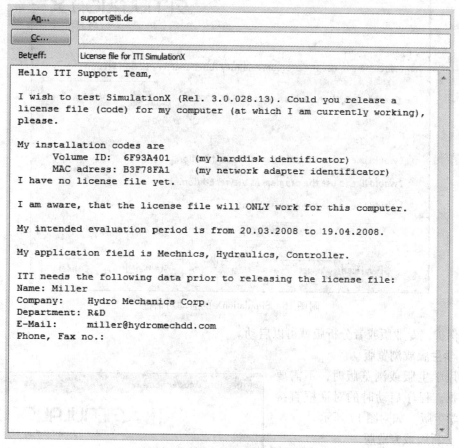

附图 15　请求许可文件的电子邮件

当 ITI 公司接收到该请求，经考核同意后，会回复许可文件。

单击附图 13 所示页面中的按钮 Search，可以使用许可文件。

⚠️ **注意**：*ITI 公司提供的许可文件仅适用于申请的那台计算机！*

再次启动程序时，显示附图 16 所示的对话框，其中显示测试截止日期。在测试日期内，可以更新许可文件（例如，可以增加更多的库、更多的模型元件）。这时，需先单击 Update 按钮，选择新的许可文件，这样就可以将当前许可文件更新为新的许可文件。

当超过使用期限时，会出现信息提示，并弹出附图 16 所示的启动对话框。虽然许可文件已到期，但是你可以再申请另一个试用期，也可按照学生版或浏览版使用该软件。

⚠️ **注意**：*ITI 公司提供的权限文件只有在您申请它时用的计算机上才有效。当您购买权限的同时，请首先安装 CD 中的 SimulationX 版权保护软件。*

在附图 16 所示的启动对话框中，为选项 I would like to use the program as a... 选择各自

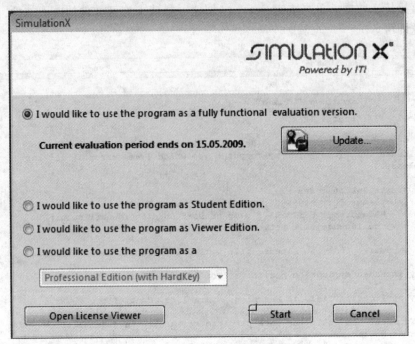

附图 16　SimulationX 的启动对话框

的软件保护，专业版或者分析版就可以启动。

2. 学生版或浏览版

使用学生版或浏览版时，不需要多余数据。程序启动时的对话框直接表示为学生版，如附图 17 所示。

3. 分析版或专业版

当用分析版或者专业版时，需要事先购买许可文件。在启动程序时，需要选择许可文件。在附图 13 中选择带许可文件的软件版本后，弹出许可文件或者加密狗的选择对话框。当选择了有效的许可证后，程序启动。

（五）管理员的注意事项

1. 批处理安装（不需要用户交互）

批处理的安装特别适合于软件的网络布置。SimulationX 的安装可以通过批处理模式完成安装，而不需要和用户交互操作。

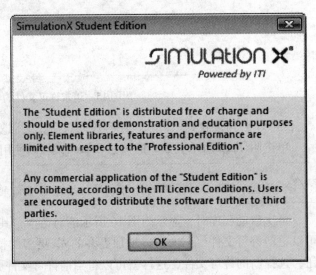

附图 17　学生版的启动程序

可执行程序名为：msiexec. exe。此程序可以在 Windows 的系统目录下找到。

⚠ **注意**：如果 SimulationX 是自动安装的，系统中以前的版本必须提前卸载掉。

所有的命令行选项都可用于自动安装。例如：单击菜单开始/运行，通过命令行对话框来启动自动安装，如附图 18 所示。命令语句为 msiexec/i D：\simX2enu. msi/qb-ARGETDIR = "C：\temp\SimX"。类似语句也可以在批处理文件夹中见到。

2. 软件安全

与学生版和浏览版免费使用不同，专业版和分析版带有安全保护。当运行 SimulationX 的专业版和分析版时，将会被安装软件安全保护。

软件的安全性可通过硬件钥匙（加密狗）或软件（权限管理/权限码）来保证。

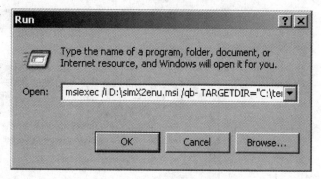

附图 18　命令行对话框

对于硬件保护，单击 KEY/DONGLE... 或者 LICENSE CODE，即可进行保护。

（1）硬件保护（硬件钥匙/加密狗）。

只有在计算机中插入硬件钥匙（加密狗）才可以执行安装操作。软件安装两部分：驱动器和服务器。驱动器确保 SimulationX 与硬件钥匙之间的通讯。服务器管理许可文件，不管是单机版还是网络版。

硬件保护驱动器的安装：在 Welcome、License acceptations 和 Destination selection 结束后，选择 Complete 作为启动样式，如附图 19 所示。

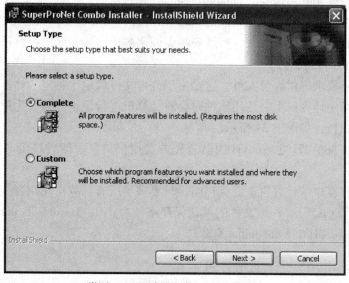

附图 19　驱动器安装——安装类型

在 Windows 2000 或者更高级别系统下，由于系统支持所有部件，所以是可以实现完全安装的。

⚠ **注意：** 确保安装驱动器时没有插入 USB。安装后，再插入 USB。

为了节约硬盘空间，用户可以定制安装。只要选择选项 Custom，然后选择需要安装的内容，如附图 20 所示。

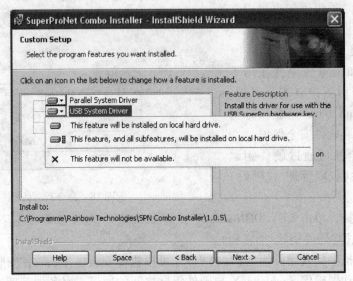

附图 20　驱动器安装——内容选择

请不要激活与当前硬件钥匙不需要的部分：

——并行接口的硬件钥匙不需要"USB-System-Driver"。

——USB 式硬件钥匙不需要"Parallel-System-Driver"。

单击硬盘图标，选择菜单选项 This feature will not be available，如附图 20 所示。硬件安全内容的安装仅在系统上执行一次。后续安装需调用各个安装程序维护对话框。

（2）软件保护（许可文件）。

安装软件时不要求提供许可文件。这是由于许可文件绑定于特定的计算机硬件。许可文件日后也保存在绑定计算机上。使用软件时会对计算机进行识别判断。为此，识别程序必须在绑定计算机上执行，如附图 21 所示。

在用户发送信息给 ITI 之后，ITI 团队首先核实用户信息，然后提供与用户计算机相匹配的许可文件。

把许可文件保存申请计算机上，保存路径只要满足所有计算机使用者拥有写的权限即可（许可文件将会不断更新）。许可文件的默认保存路径为："C：\Documents and Settings\All Users\User Data\ITI GmbH\ITI SimulationX 3.1"。

（六）　SimulationX——使用许可

分析版和专业版的许可不是免费的，是需要付费的。它的许可由硬件钥匙或者软件许可文件保护。

SimulationX 是一个模块化结构的程序。作为软件的提供者和供应商，ITI 公司根据需求的模块提供许可。

1. 单机版许可

该许可仅适用于具体的本地电脑。

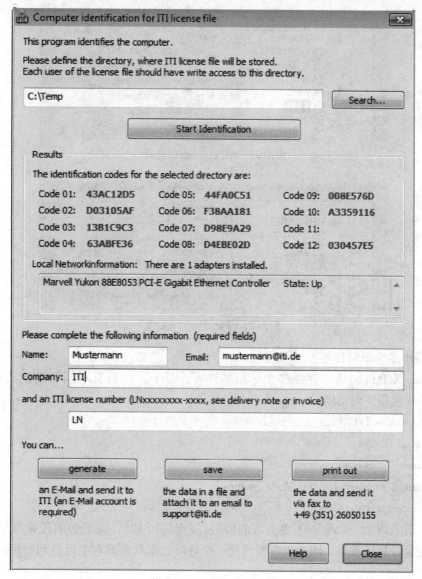

附图 21　计算机识别判断

　　把硬件钥匙插入接口（并行口或者 USB 接口）。首次启动 SimulationX 专业版或者分析版（单机版）时，选择可连接到本地的硬件钥匙，如附图 22 所示。

2. 网络版许可

　　该许可在整个网络中都是可用的。

　　选择网络中一台计算机负责管理众多许可证。程序运行要求是 Windows NT 操作系统（Windows 2000、XP 或者更高版本）。连接硬件钥匙到该台计算机的相应接口上。

　　在所有运行 SimulationX 的工作站上安装软件。为此，可以使用批处理完成该安装。

　　首次启动 SimulationX 时，用户选择与网络钥匙的连接。网络许可的选择如附图 23 所示。如果网络上只有一个可用的钥匙，建议以后每次启动程序时关闭连接对话框。

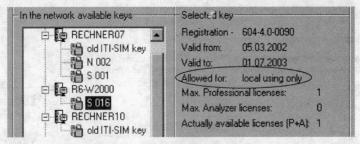

附图 22　单机版许可的选择

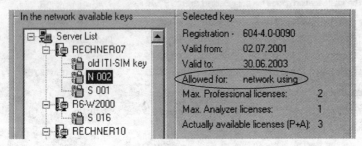

附图 23　网络许可的选择

3. 网络中多个不同许可

SimulationX 允许网络中存在多个可用的许可，每个许可具有不同的功能范围。例如，一个许可要求使用下列功能：

——Mechanics 1D。

——Signal Blocks。

——Power Transmission。

——Natural Frequencies and Mode Shapes。

——Parameter Variations。

当用户请求两个 SimulationX 专业版的许可(完全许可)时，除了必须经常批处理完成这些模型的变量计算任务外，同样也需要另外一个许可，也就是具有上面提到的相同功能的分析版。

而且，另一个许可要求进行对液压部件的研究，它应能允许下列功能：

——Mechanics 1D；

——Mechanics 3D；

——Signal Blocks；

——Power Transmission；

——Hydraulics；

——Magnetics；

——Natural Frequencies and Mode Shapes；

——Parameter Variations。

由于完全相同的模块组合(功能范围)可以保存在一个硬件钥匙中，因此，ITI 为该应用举例提供两个硬件钥匙。

在网络中安装软件与两个硬件钥匙是插入到一台计算机还是不同的计算机上没有任何关系，唯一重要的是它们在网络中都是可见的。网络中不同的许可如附图 24 所示。

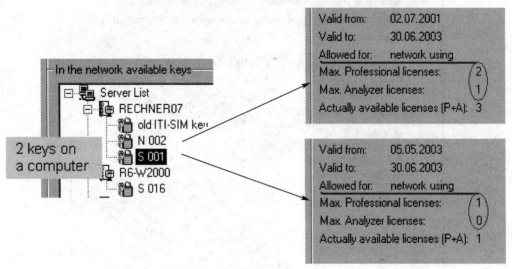

附图 24 网络中不同的许可

启动 SimulationX 时，选择与期望的网络硬件钥匙的连接。根据选项，可以决定程序是否在每次启动时询问或者是否取消应用首选设置（删除标记）。可以通过单击属性页 Licensing 中菜单 Extras/Options 的控制选项 New Connection，来更改该连接。

与许可的连接是用户指定的，也就是说，在一台机器上，不同的用户可以应用不同的许可，而不需要额外的查询（删除连接对话框中的标记）。

（七） 硬件钥匙/加密狗的选择

启动 SimulationX 时，需要指定使用哪个钥匙。尤其是第一次安装后，还没有定义连接。因此，需要打开用于选择连接的初始界面，如附图 25 所示，也可以通过单击属性页 Licensing 中菜单 Extras/Options 的按钮 New key connection，打开该对话框。这时需要确定是取消该操作（Cancel），还是到本地或者网络中（Local Computer 或 Network）寻找许可。如果选择 Local Computer，则如附图 25 所示。

任何时候都可以重复查找可用的钥匙，只要在如附图 26 所示的 Searching available keys 页面中单击合适的控制按钮即可。查找时，使用主机的名称或者 IP 地址皆可。使用单选按钮 Hostname based... 和 IP addresses based...，选择合适的变量。如果不确定系统适用于哪种连接方式，选择标准设置按钮 Hostname based selection。

在 In the network available keys 页面中，所有可用的钥匙都显示在树型结构中。本地计算机用一个圆圈标出。

单击树型结构中的一个 SimulationX 的钥匙（识别形式：<字母><数字>→X###），

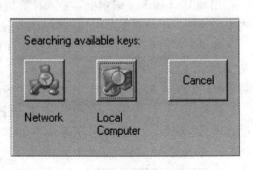

附图 25 查找可用许可初始界面

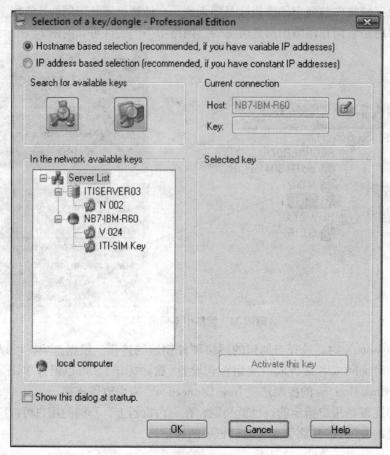

附图26　Searching available keys 页面

Selected key页面中就会显示该钥匙的重要信息。如果请求的许可可用(专业版和/或分析版)，按钮 Activate this key 就是可用的。如果单击该按钮，在树型结构中选中的钥匙就会作为 Current connection，也就是说，当启动SimulationX 时，软件使用当前连接(具体的计算机，具体的钥匙)上的许可。

在网络中搜索钥匙是通过广播实现的，当页面 in the network available keys 没有显示所有实际存在的钥匙时才会用到。这主要是因为网络中禁止广播。在这种情况下，无法从上面提到的树型结构中选择期望的钥匙，不得不手动连接。单击页面 current connection 中的按钮，出现 Host 和 Key 编辑框。输入计算机的名称和钥匙的标识码，此时不需要选择树形结构中的钥匙，也不需要单击切换页面按钮 activate this key。

如果每次启动 SimulationX 时都没有打开连接的选择对话框(例如，单机许可)，那么必然是没有标记上 "Show this dialog at startup"。如果需要每次启动 SimulationX 时打开连接选择对话框(例如，单机许可)，请不要选择 "Show this dialog at startup"。

如果批处理使用SimulationX(例如，通过 COM)，一般情况下需要删除该标记，这是因为批处理总是使用一个定好的许可。如果单击按钮 OK，启动 SimulationX，也可以在对话框 Options 中选择。

在下面情况下需要更新钥匙中的程序：

——许可到期想延长期限时。

——购买其他模块而改变软件功能时。

——额外购买增加许可数量时。

——将本地许可更换为网络许可时。

更新时，用户可以使用本地化快速操作。在订购获得一个更新版本后，ITI 会发送更新码给用户(例如，通过电子邮件发送一个文本文档)。收到来自 ITI 的更新代码后，请执行下面操作：

(1) 保存更新代码到硬盘上。

(2) 启动 SimulationX(例如，如果到期了，启动学生版)。

(3) 通过菜单 Extras/Options 打开 Options 对话框。

(4) 切换到 Licensing 界面。

(5) 检查用于更新的正确的钥匙，如附图 27 所示。

如果不是这种情况(例如，由于启动的是学生版)，首先单击按钮 Edition Change to，选择 Professional(with Dongle)选项。单击按钮 New key connection，选择更新的钥匙(只有重启动程序后左上角才会显示)。单击按钮 Update，打开文件对话框。

(6) 选择保存的文件，单击按钮 Open 关闭文件选择对话框。

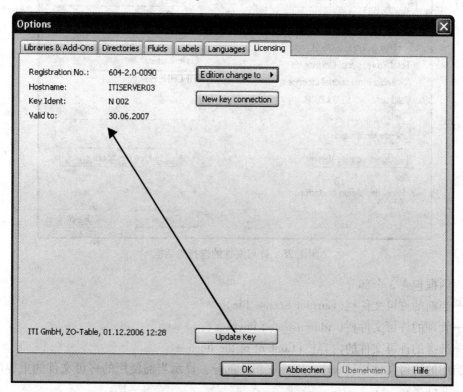

附图 27 更新 SimulationX 钥匙

钥匙更新完毕。在更新前，为了防止代码传输时的数据丢失，首先要检查代码的连续性。此外，检查更新码是否用于选择的钥匙。更新完毕后信息(成功或者出错)提示终止。

（八）选择许可文件

购买的许可文件必须得到程序的接受。此外，许可文件夹也要管理。为此，使用对话框 Selection of a license file（许可文件的选择），如附图 28 所示。

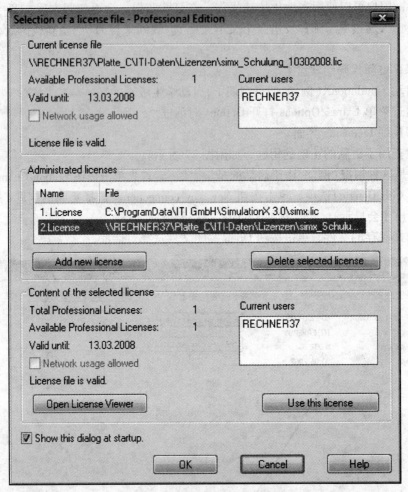

附图 28　许可文件的选择对话框

该对话框包含 3 个部分：

——当前的许可文件栏（Current license file）；

——管理的许可文件栏（Administrated licenses）；

——选择的许可文件的内容栏（Content of the license）。

在当前的许可文件栏（Current license file）部分，显示当前使用的许可文件的重要信息：

——文件名；

——可用的许可；

——有效期限；

——授权的网络使用；

——当前用户；

——合法性的信息，见附表3。

——许可更新的时间间隔。

附表3　许可文件合法性的信息

合法性的信息	含　义
License file is valid	该许可文件可用
License file expired	许可文件到期，无法再用
License file invalid（wrong INST code）	保存许可文件的计算机不是用于申请许可文件的，因此许可文件不可用
No free license available	所有的许可文件都在使用。下面显示了这些用户（对于单一用户许可——计算机名；对于网络许可——用户＋＋＋计算机名）。请选择其他许可文件。

在 Administrated licenses 部分，列出所有可用 SimulationX 的许可文件。为了更清晰，所有的许可文件都应有一个一目了然的名字。

许可文件的管理必须包含至少一个的登录——至少有一个从 ITI 公司获得的许可文件添加在此。

许可文件可以从管理中添加和删除。单击按钮 Add new license，打开如附图 29 所示的添加新许可文件到管理器对话框。单击 Search 选择需要添加的许可文件。赋给它一个表示明确意图的名称，作为当前许可文件。此后，就可以启动 SimulationX 软件了（假设选择的许可文件是可用的）。

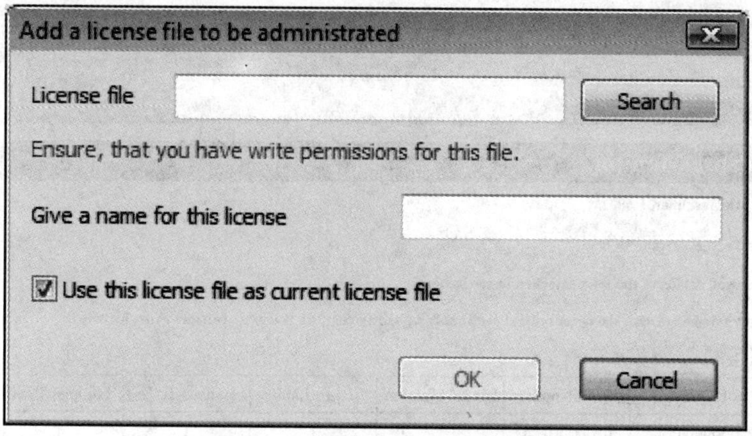

附图29　添加新许可文件到管理器

用鼠标点击管理器中许可文件的任一行时，可以通过从管理器中单击按钮 Delete selected license 将其删除，但许可文件本身是不会删除掉的。

管理器中的许可文件是无法编辑的。如果需要编辑，则需要将其删除，然后再添加新的。

用鼠标点击管理器中许可文件的任一行时，该行会变亮。在对话框中的 Content of the selected license 部分会显示该许可的最重要的信息——许可的总数量、可用的许可、有效期、当前用户、网络能力和合法性信息。

单击 Open License Viewer，打开选中许可文件的权限浏览对话框，在此可以看到该许可文件的更多的信息。如果高亮显示的许可文件是有效的，按钮 Use this license file 将被激活。单击该按钮，会将选中许可文件设置为当前许可，用于启动 SimulationX。

特别地，网络中可能会有多个可用的许可文件。通过管理器，就可以很快地从中选择。

如果不希望每次启动 SimulationX 时打开选择对话框（例如，在单一用户许可情况下），勾掉选项 Show this dialog upon program start 即可。如果又出现该对话框，通过菜单 Extras/Options 打开 Options 对话框。转到 Licensing 页面，重新勾掉选项 Show startup dialog for license selection。

该对话框中的所有信息都和用户有关，这意味着该计算机的每一个用户都可以管理它的许可文件。

（九）网路许可的特征

1. 网络许可——硬件钥匙

如果用户拥有多个 SimulationX 的网络许可，可能会遇到这样的情况：所有的许可都在被其他用户使用，想了解具体是谁在用。如果该用户有一个硬件钥匙用于许可保护，可以进行下面操作。

如果与该硬件钥匙相连的计算机上运行着许可监视器（除了许可服务器之外），则可以利用网络浏览器连接到许可监视器，如附图 30 所示，在地址栏输入：http://ComputerWith-Key:6002。这里，"ComputerWithKey" 表示计算机名称或者 IP 地址。

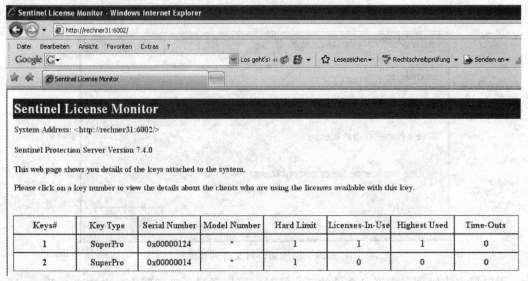

附图30　许可监视器界面

单击硬件钥匙编号，可以得到关于它的更多的信息，如附图 31 所示。

2. 网络许可——许可文件

（1）许可更新时间间隔。

对于在网络中使用的许可，需要设置许可更新时间间隔。软件启动时会自动设定为默认值。

许可更新间隔用于确保丢失的许可在一定时间后仍可重用，如在程序崩溃后。

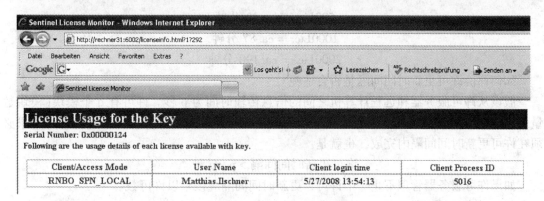

附图 31 硬件钥匙的信息

　　如果许可是用在局域网或者无线局域网中，通常不需要对默认值进行任何修改。如果许可要用在广域网中，也许会遇到由于带宽太小（网速太慢）引起的资源问题。结果导致在程序启动过程中，当 SimulationX 检查所有模块的权限时，许可更新时间间隔到期，所有模块的权限将会重新被检验。当 SimulationX 启动非常慢或者出现错误信息时，这个问题就会出现。

　　为了解决这个问题，可以手动设置许可更新时间间隔，如附图 32 所示。

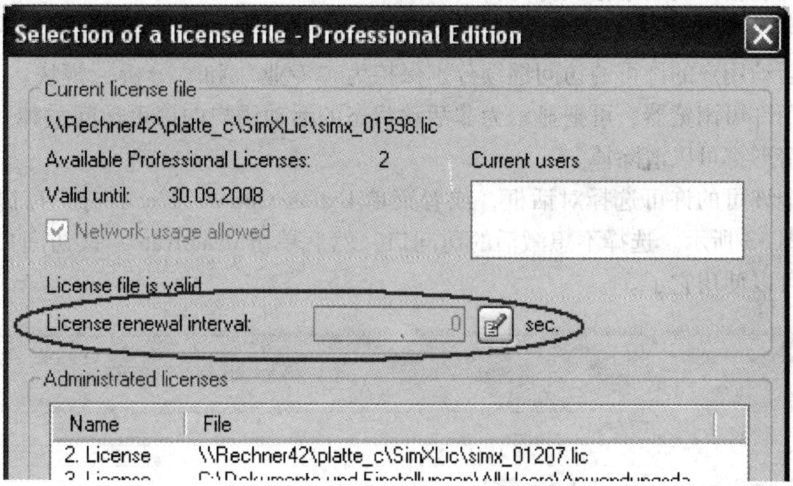

附图 32 设置许可更新时间间隔

　　单击编辑按钮 ☑️ 并确认警告信息，可以激活编辑框。为了使程序正确操作，请选择尽可能大的许可更新时间间隔。

　　可以预测，丢失的许可只能在一次暂停后才可重用。暂停时间为更新时间间隔的 150%。如果输入许可更新时间间隔为 0，表示使用默认值。默认设置如下：

$$1Lic. = 4 \text{ 秒}$$

$$5Lic. = 20 \text{ 秒}$$

$$10Lic. = 41 \text{ 秒}$$

$$20Lic. = 84 \text{ 秒}$$

$$50Lic. = 214 \text{ 秒}$$

$$100Lic. = 440 \text{ 秒}$$

500Lic. = ca. 40 分钟

1000Lic. = ca. 87 分钟

2000Lic. = ca. 190 分钟

如何评价许可更新时间间隔是否合适呢？

假设从许可服务器和远程计算机之间的信息传输时间为 p 秒。许可有 q 个模块（模块数量可以在权限浏览器中统计得到），每个许可请求都要送到远程计算机。所有的许可请求必须在许可更新时间间隔内完成，也就是：

许可更新时间间隔 > p×q 秒

如果许可服务器管理不止一个许可，更新时间间隔应该乘以许可数。

（2）清空许可文件。

以下内容仅适用于许可文件中包含不止一个许可的情况。

许可文件形式的网络许可可以暂时停用，但可通过一个重要的函数重新激活。当程序启动时，如果最大用户数量减去当前活动和非活动用户数量大于零的话，仅为专业版或分析版提供一个免费的许可。在许可没有使用期间，当程序崩溃时，该许可不会退回到可用许可集合中。如果没有用户使用的话，使用 Cleanup 对话框，可以重新得到这些许可。

过程中可能会出现以下错误行为：

——在一次（非正常）结束程序后，许可仍可允许访问活动用户的学科库和选项。

——非活动用户的许可的访问继续分别保持为"专业"和"分析"模块。

——使用许可浏览器，可把显示为非活动状态的活动用户的许可访问关掉。

前两种情形都可以清除掉。

通过各个许可的许可选择对话框，或者菜单 Extras/Options/Licensing，可以打开许可浏览器，如附图 33 所示。选择不想激活的访问口，然后单击 deactivate，该访问口就显示在括号中，就又可以使用它了。

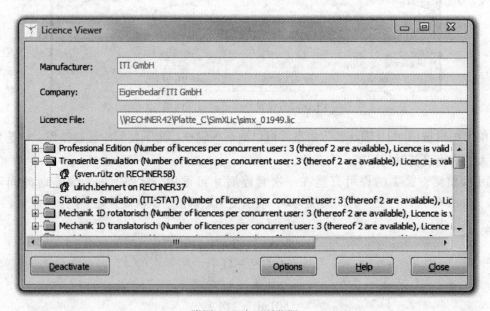

附图 33　许可浏览器

⚠ **注意：** 仅仅那些没有真正在使用的访问口才是可以关闭的访问口。

在许可选择对话框中，单击 Cleanup 按钮，如附图 34 所示，可以分别删除专业、分析模块中的非活动用户的许可访问。

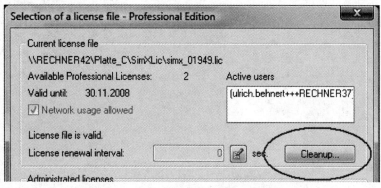

附图 34　许可选择对话框（带 cleanup 按钮）

如果没有其他活动用户，才可以进行该操作。如果仅有非活动用户（附图 34 中的访问口），按钮 cleanup 是可用的。单击该按钮，打开清除许可文件对话框，如附图 35 所示。

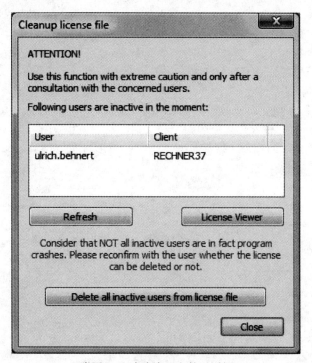

附图 35　清除许可文件对话框

由于活动用户和非活动用户的数量是随时间变化的，可以使用按钮 Refresh 获得当前数量。单击按钮 License Viewer，打开当前许可文件的许可浏览器。

在确信所有显示在对话框中的非活动用户是可以删除之后，再使用按钮 Delete all inactive users from license file。之后，可以重新使用这些许可。